晨讀10分鐘

［小學生・中年級］

光的接力賽

實驗故事集 3

總監修——大山光晴
作者——板垣雄亮
繪者——丸尾道
譯者——詹慕如

目次

注意 實驗時請一定要先和家人商量之後，再進行實驗。

人物介紹

小勉的家人

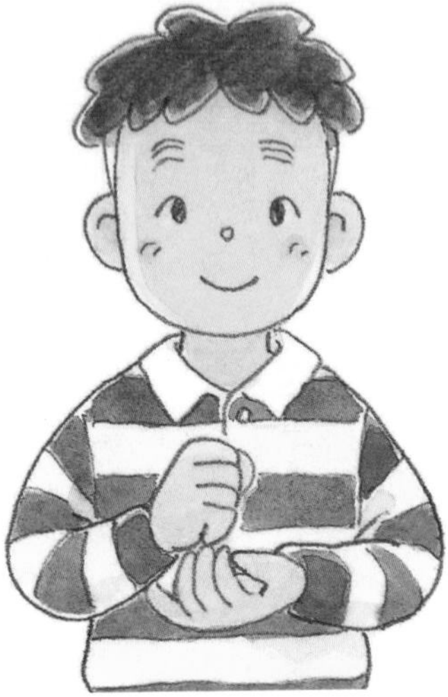

小勉

三年級男生。
最喜歡解謎了。

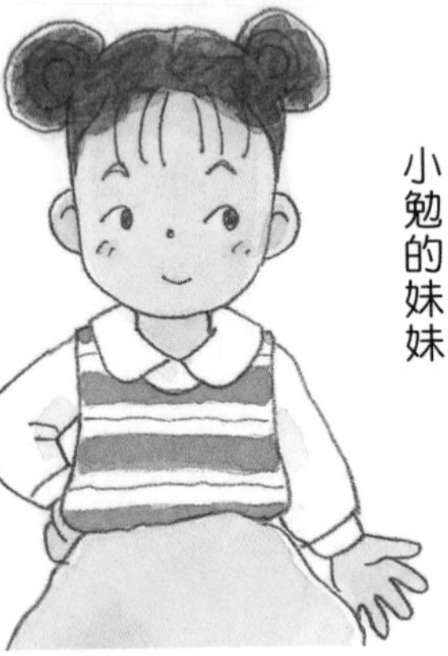

小勉的妹妹

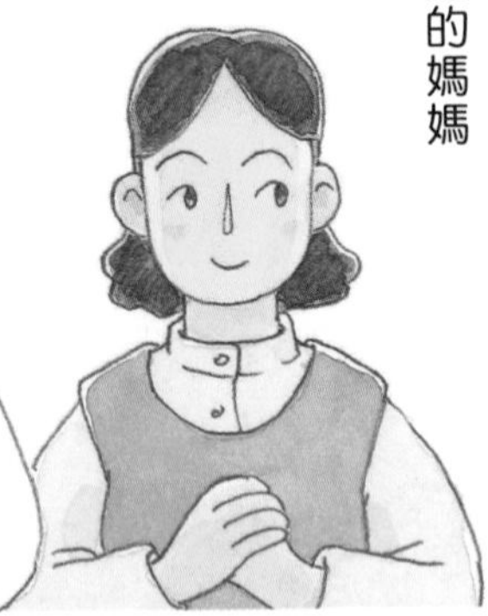

小勉的媽媽

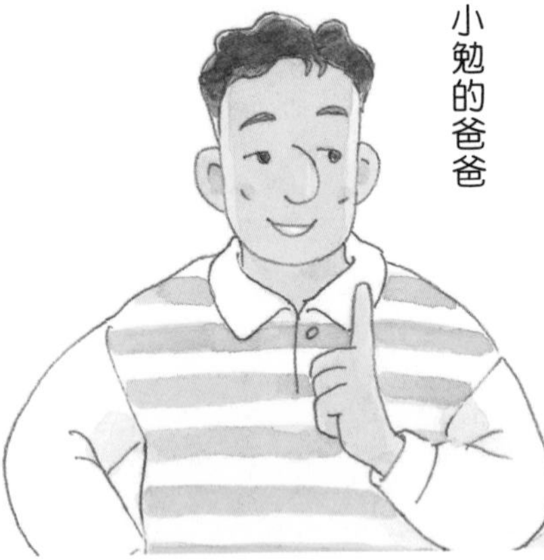

小勉的爸爸

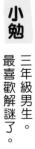

沙織
小勉的同學

小修
小勉的同學

健治
小勉的同學

光的接力賽

小勉正在上自然課。今天的課是學習用鏡子來實驗光的反射。天氣很好，一片雲也沒有，燦爛的陽光灑下來。今天的實驗就是用鏡子來反射陽光。

小勉剛開始還不懂得怎麼將光反射到自己瞄準的地方，不過換了幾個地方，練習幾次後，慢慢的學會了如何讓光反射在自己設定的目標上。

首先，他把鏡子面向太陽，然後慢慢的移動鏡子，在鏡子上反射的光線就會映照在校舍的牆壁上。

光線把牆壁照得非常明亮。

小勉終於學會把光線反射在校園裡的許多東西上。

從鏡子反射的光線照射在樹

上時，原本有點陰暗的地方也變亮了，可以看得很清楚。

小勉覺得好開心。

「好像電燈一樣呢！」

小勉開始盡量尋找陰暗的地方，然後用鏡子反射的光線照亮，覺得有趣極了。

他尋找陰暗地方時，發現了位於校園一角的體育倉庫。這裡擺放體育課使用的球類或道具，是一處陽光照不到的陰暗角落。

小勉馬上試著用鏡子反射光線，同時在倉庫入口處發現了同班的沙織，她看起來很煩惱，好像在找什麼東西。

「好像滾到裡面去了。」

原來沙織在做實驗時，拿在手上的橡皮擦不小心掉了。

小勉幫沙織一起找，不過體育倉庫裡實在太暗，什麼都看不清楚。

陽光只照到入口處附近，照

不到後方，倉庫裡非常暗。

他們試著尋找電燈的開關，但怎麼樣都找不到。

「對了，用這個照照看吧！」

小勉想到可以用鏡子來反射光線。

剛剛鏡子反射的光線照亮了牆壁，一定也能照亮倉庫後方的陰暗處。

小勉馬上拿好鏡子，站在入口處。他將鏡面朝向太陽，想要反射光線，卻無法像剛剛一樣順利的反射。

不管他怎麼調整鏡子的角度，都沒辦法讓光線照到體育倉庫的後方。

「怎麼辦？」

小勉本來想在沙織面前好好表現一下，這下子卻不知道該怎麼辦才好。

看到小勉的表情，沙織建議：

「如果加上我的鏡子呢？」

「哦，讓反射的光線再反射一次，是吧？」

小勉故意裝作自己早就已經知道這個方法。

於是，他先用自己的鏡子反射光線，再讓反射光照在沙織的鏡子上。

沙織巧妙的將投射在自己鏡子上的光線再反射，照亮了倉庫裡陰暗的地方。

她慢慢移動這個光線，終

於看到了一個白色塊狀的物體。

它就是沙織遺失的橡皮擦。

「啊，找到橡皮擦了！」

使用兩面鏡子的策略非常成功。

如果使用很多面鏡子，說不定會有更有趣的結果呢！想著想著，小勉快步跑向大家聚集的地方。接下來，小勉即將要展開他的偉大實驗了。

解謎時間

鏡子可以反射光線

小勉和沙織利用兩面鏡子反射光線，照亮了障礙物的後方。

利用鏡子反射光線，傳送暗號給遠處的人吧！

光線射向鏡面的角度和從鏡面反射出去的角度一樣大。

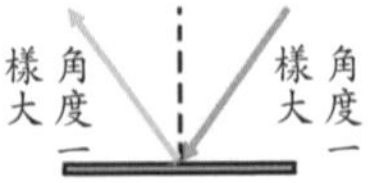

將剪了形狀的紙張放在鏡子前方，光線就會變成一樣的形狀。

科學小實驗

利用鏡子製作潛望鏡

1 在細長的箱子裡黏住兩面鏡子。

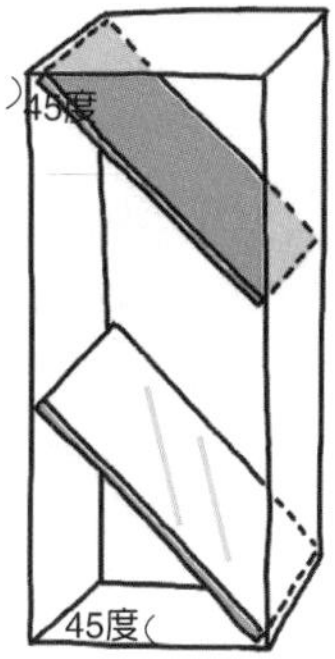

2 在箱子上割出兩個長方形的洞。

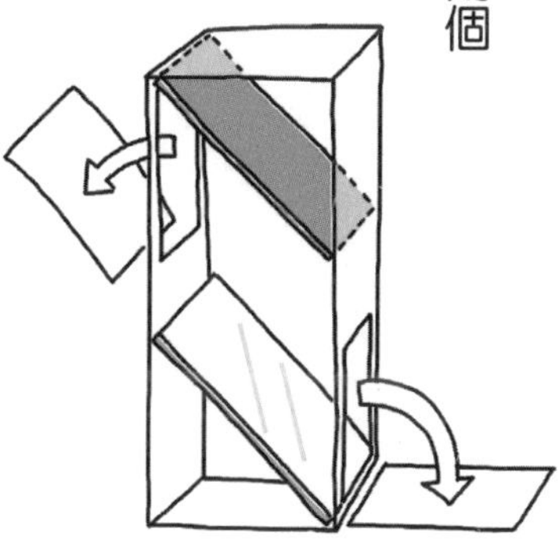

3 完成。

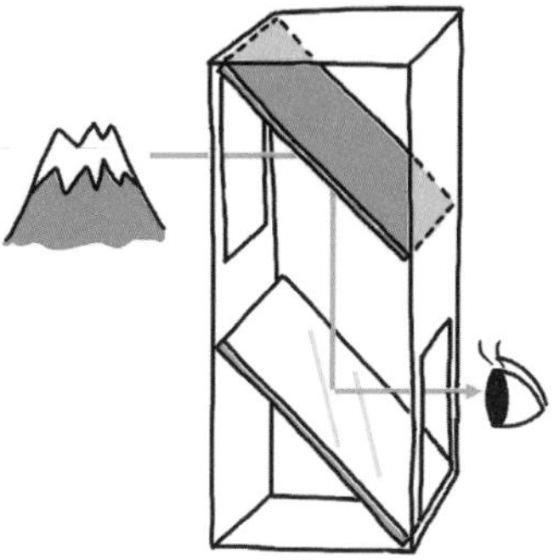

從箱子下方洞口向內看，即使箱子前方有障礙物，只要箱子上方的洞口不被擋住，就能看見障礙物後面的景物。

給大人的話

請教導孩子不要將鏡子所反射的光線照在人的臉上。另外，進行實驗時，最好不要用玻璃鏡面的鏡子，使用塑膠鏡面會比較安全。

有圖案的土司

今天是星期天，小勉早上起得比較晚。當他聞到烤土司的香味時，睜開了眼睛。

媽媽和妹妹正在廚房裡烤土司。

一發現小勉起床，她們顯得很慌張，不知道偷偷摸摸在做什麼？

小勉覺得很奇怪，看了看爸爸。爸爸卻裝做沒看到，繼續看報紙。

「拿去，這是哥哥的。」

妹妹微笑的把還沒有烤的土司交給小勉。

小勉把手上的土司放進烤箱裡，等待土司烤好。

叮的一聲，土司終於烤好了。

小勉看著烤好的土司，嚇了一大跳。

「咦？這是什麼？」

烤好的土司上面好像畫了圖案。

看起來似乎是一張人臉，仔細看看，臉的部分稍微焦一點。

「烤之前明明是普通的土司啊？」

但是烤了之後，不知道為什麼只有臉的部分變得比較焦。

為什麼會烤出這片有圖案的土司？小勉雖然覺得很奇怪，但是肚子已經很餓，決定還是先吃了再說。

他一邊吃一邊覺得好像在哪裡看過這張臉。仔細一看，雖然不大像，但這確實是小勉的臉。

不過，光吃土司還是沒辦法知道為什麼土司上面會畫著一張臉。

為了解開這個謎，小勉決定再吃一片土司。

妹妹跟剛剛一樣，笑咪咪的把土司拿來。

這次在烤土司之前，小勉特別仔細看了看土司。

看起來吐司上並沒有畫什麼圖案。

接著小勉試著聞了聞味道。雖然只有一點點氣味，但是他聞到一種有點熟悉的清爽水果香味。

小勉再次烤了吐司。

媽媽和妹妹微笑的看著他。

烤土司時，小勉心裡想：「這個土司上面該不會塗了什麼東西吧？」

小勉猜想，土司上畫有臉的部分一定塗上了什麼，所以只有這個部分會變得比較焦。

不過到底塗了什麼，光憑剛剛吃過的感覺還是無法知道。唯一的線索就是土司烤之前散發的淡淡水果香。

這時小勉決定展開正式的調查行動。

首先，他認為最可疑的就是廚房，於是他走向廚房。

他看到妹妹急忙的藏起什

麼東西。

等到他進入廚房後，馬上就聞到了某種味道。那是酸酸的水果味道，和剛剛土司還沒烤時所散發的味道一樣。仔細看，砧板上留有切剩的檸檬，那酸酸的味道一定就是檸檬的味道吧！

「原來如此，你們一定是把這個塗在麵包上吧！」

聽到小勉這麼問，妹妹沒有回答，還是一樣微笑著。

他們一定是在土司上塗了檸檬汁，所以只有塗上檸檬汁的部分變焦吧！

妹妹急忙藏起來的東西可能就是在土司上塗檸檬汁時用的筆刷吧！

烤箱再次發出叮的聲音。

小勉打開烤箱，看了看土司，上面同樣有一些圖案。

這次，土司上寫滿了字。

「哥哥生日快樂」

沒錯，小勉完全忘了。

今天是他的生日。

所以，妹妹和媽媽用奇妙的方法一起寫下祝賀的訊息。

爸爸也笑著看小勉。

「哥哥，生日快樂。」妹妹笑著對他說。

「怎麼樣？這土司很神奇吧？」

小勉當然覺得土司很神奇，但謎題解開後，他自己也想試試看。

「等一下。」

小勉用廚房裡剩下的檸檬汁，在一片土司上寫了字。

他在土司上大大的寫著「謝謝」。看來，今天會是非常美好的一天。

解謎時間

檸檬汁容易受熱變黑

檸檬汁含有酸（酸味的來源），也含有碳成分。遇到熱，碳成分會和空氣中的氧產生作用，變成黑色物質。

烘烤時，檸檬汁比土司更容易受熱，所以，土司塗有檸檬汁的部分會呈現烤焦的顏色。

將檸檬汁塗在土司上。

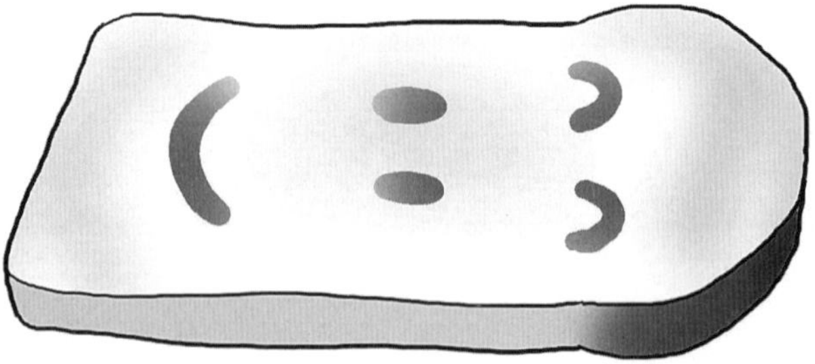

在檸檬汁乾掉之後再烤，塗有檸檬汁的部分會更快變焦。

科學小實驗

寫封祕密的信

檸檬汁塗在紙上也有相同的作用喔！所以，可以利用這個原理來寫封祕密信。

等到紙上的檸檬汁乾了之後，將紙放進烤箱裡加熱一分鐘左右。

視線不要離開烤箱裡的信，等到紙上的字出現，馬上將紙拿出來。紙會變得很燙，小心別被燙傷了。

給大人的話

這是自古以來相傳的炙烤方法，也可以用麵包代替紙，使用紙時，請注意不要加熱一分鐘以上。

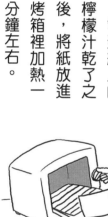

會動的行李箱

小勉搭的電車在車站停了下來。

他和爸爸到隔壁鎮上的百貨公司買東西，正在回家的路上。

今天是媽媽的生日，所以他們出門去買禮物。

不知道為什麼，媽媽不肯說今年是她的第幾次生日，小勉覺得很奇怪，不過他有把握媽媽一定會很喜歡自己選的禮物。

只是爸爸看了好幾次皮夾，還露出煩惱的表情。

小勉選的禮物似乎比爸爸預計的貴了一些。

電車裡很空，幾乎沒有人站著。

電車停下來的這一站，上來了一個拿著大行李箱的叔叔。

那位叔叔可能正要去旅行吧！

那個行李箱非常大，大到幾乎可以把小勉整個人放進去，要是提起來，一定很重吧！不過，行李箱附有輪子。叔叔看起來非常輕鬆的推著行李箱，然後坐下來。

電車又開始慢慢的滑動。

就在這時，放在叔叔面前的行李箱開始慢慢滑動。明明沒有人去動它，行李箱卻自己開始移動。

叔叔急忙按住行李箱。

小勉覺得很奇怪，看了看爸爸，可是爸爸從剛剛開始就一直在看自己的皮夾，並沒有注意到行李箱。

「明明沒有人動它，為什麼行李箱會動呢？」

電車停在平坦的地方，並不是坡道。

而且行李箱又是在電車裡面，也沒有風吹。

小勉想著想著又到了下一

站。電車為了要停車，開始放慢速度。

就在這時，那個叔叔的行李箱又開始滾動。

而且這次滾動的方式跟剛剛相反，行李箱朝向小勉的方向慢慢的滑動了過來。

那位叔叔似乎睡著了，並沒有發現行李箱在動。

行李箱慢慢的往小勉的方向前進。

最後終於來到小勉的位置，小勉下意識的抓住行李箱。

小勉盯著這奇妙的行李箱一會兒，他站起來，正想將行李箱推回叔叔的地方，電車又開始慢慢的開動了。

一不小心，小勉差點失去平衡，他連忙坐回椅子上。

這時，你猜怎麼了？行李箱竟然又往叔叔的方向開始滑動。

慢慢滑動的行李箱逐漸回到叔叔座位附近，這時叔叔的眼睛剛好張開，連忙抓穩了行李箱。

「我知道了，因為電車一下子停、一下子開動，所以那行李箱也會跟著動。是不是？爸爸！」

爸爸搞不清楚發生了什麼事，只是敷衍的點點頭。

電車下一個停靠的站，就是小勉和爸爸要下車的站。

如果小勉的猜想是正確的，那麼叔叔的行李箱一定會往這個方向移動。

叔叔又睡著了。

小勉心想，這次一定要穩穩的抓住行李箱。

電車就快到站了。

機會只有在電車停下來的那一刻。
小勉又緊張又期待的等著電車停下來。

解謎時間

電車速度改變 行李箱就開始移動

電車即將停車而減慢速度時，行李箱還保持跟剛剛移動時一樣的速度繼續往前動，因此滑向小勉。

但是，當電車開始行駛，速度變快時，行李箱還保持原來的速度，所以會往後移動。仔細看看，車廂吊環的移動方向也是一樣。

當電車的速度改變時，車廂裡沒有被固定住的東西，就會像這樣移動。

交通工具的速度沒有改變時，
不被固定住的東西在交通工具裡也不會移動，
所以果汁之類的飲料也不會潑出來。

科學小實驗

硬幣掉落魔術

1

將卡片放在杯子上，把硬幣放在卡片的正中央。

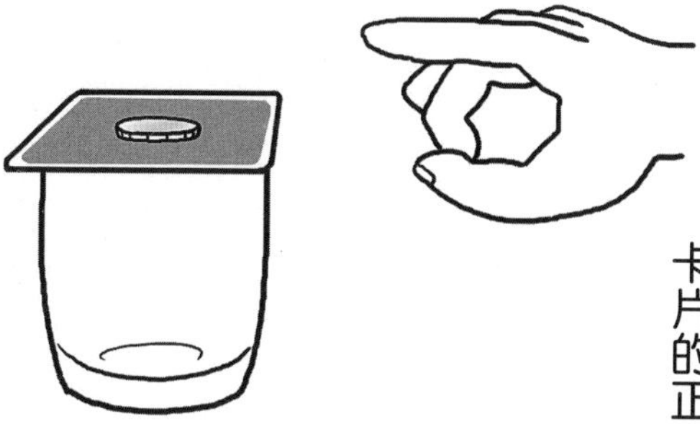

2

用力的彈開卡片，只剩下硬幣。

3

硬幣將會掉到杯子中。

因為硬幣在靜止狀態，即使把卡片彈開，硬幣仍然靜止，所以會掉到杯子裡。

給大人的話

這是一個讓孩子認識「慣性定律」的物理實驗，請提醒孩子注意揮開卡片的方向沒有其他人在。

手工雪泥冰的祕密

這天，天氣非常炎熱。

小勉和朋友一起在公園踢足球玩。

今年的夏天很熱，小勉平時都會玩到傍晚，今天玩到一半就已經覺得累了。

「再玩下去我們會被曬乾的。」

聽到小勉這麼說，大家紛紛點頭，於是，他們決定到公園附近的健治家去休息一下。

喝過冰涼的柳橙汁之後，他們還是覺得很燥熱。

「我記得家裡應該有冰棒。」

健治在冷凍庫裡找了找，但是找不到冰棒。

於是健治說：「不如我們自己來做雪泥冰吧！」他昨天在電視上看到了介紹用家裡現成材料來製作雪泥冰的方法。

小勉他們馬上表示贊成。

「把這個柳橙汁冷凍起來就可以變成雪泥冰了——柳橙雪泥

冰。」健治說。

「可是，那還得等到柳橙汁結凍呢！」小勉聽了有點失望的說。

「我昨天看到的是很快就能做出雪泥冰的方法。」健治興致勃勃的開始準備。

首先，他在一個大碗中放進許多冰塊，然後在冰塊上面放一個稍微小一點的金屬碗，在金屬

碗中倒進一點點柳橙汁。

「這樣就能做出雪泥冰嗎？」小勉不太相信的問。

畢竟看這個樣子，柳橙汁是不可能結凍的。

「我記得好像還要在冰塊上灑些什麼。」健治努力的想著。

原來還必須在冰塊上灑一點廚房裡有的白色粉末，但健治竟然想不起這最重要的東西是什麼。

「既然要做雪泥冰，應該是加砂糖吧！」小修說。

「對了，應該是加砂糖。」

健治在冰塊上灑了許多砂糖，再把金屬碗放在上面。

接著，大家一起盯著柳橙汁，但是，看起來一點都沒有要變成雪泥冰的樣子。

「真的是用砂糖嗎？」小勉問。

說到廚房裡的白色粉末，除了砂糖還有鹽和麵粉等。他們試用了麵粉，結果也是一樣。

「既然這樣，就用鹽來試試看吧！」

製作雪泥冰居然要用到鹽，雖然覺得很奇怪，但反正不是放到柳橙汁裡，雪泥冰淇淋應該不會變鹹。

儘管沒有自信，他們還是大膽的在冰塊上灑了鹽巴。之後同樣再把金屬碗放上去，看看柳橙汁的變化。

結果，不可思議的，柳橙汁竟然漸漸的結凍了。

「哇，結凍了。」

他們用湯匙挖一點來吃，果然變成了非常冰涼的柳橙雪泥冰了。

「原來要放的是鹽巴啊！」

他們挖著冰吃，直到吃光為止。大家都非常滿足，然後又跑到公園去玩了。

解謎時間

鹽巴的冷凍力

攝氏零度的冰雖然已經很低溫了，但如果要利用它讓水結成冰，那麼，冰塊的溫度還需要降更低。如果在冰塊上灑鹽巴，就可以讓冰塊的溫度降到攝氏負十度到負二十度左右，就能讓水結冰。

鹽巴具有降低冰塊溫度的功能喔！

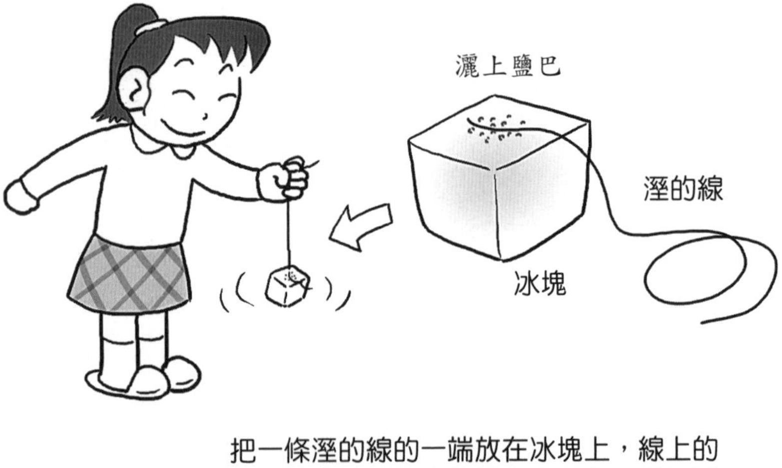

把一條溼的線的一端放在冰塊上，線上的水會結成冰，與冰塊結合在一起，就可以把冰塊吊起來。

科學小實驗

三分鐘製作雪泥冰

1

將冷凍庫裡兩盤冰塊倒進塑膠袋裡敲碎。

2

將優格、牛奶、砂糖以自己喜歡的比例倒在杯子裡混合。

3

然後盡快倒進小塑膠袋，把袋口封緊，再放入裝滿碎冰和一杯鹽巴的大塑膠袋中。

4

戴上手套搓揉大塑膠袋，使袋裡的東西充分混合。（請小心不要搓破塑膠袋）

5

搓揉三分鐘後，觀察裡面的小塑膠袋，如果已經結凍，就可以取出。

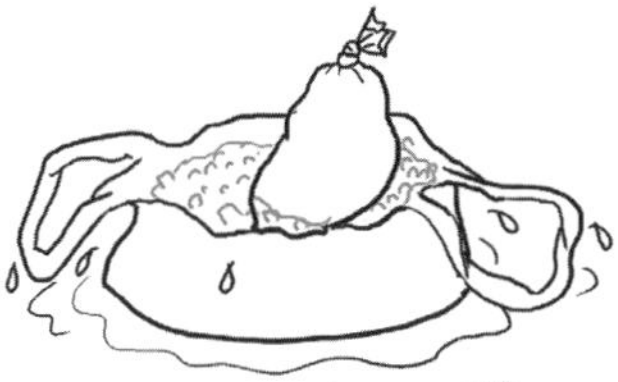

6

把塑膠袋裡的雪泥冰倒在杯子裡，就完成了。

給大人的話

冰塊只能降溫到零度。混合冰和鹽巴時，可以降溫到攝氏負十度到負二十度左右。製作雪泥冰，一定要戴手套，先在桌面鋪上弄溼也無所謂的毛巾或報紙，再開始做實驗。

消失的水窪

這天的天氣從一大早就非常炎熱。

從學校走回家的路上，沙織和小勉看到馬路的前方有水窪。

這是一條長長的柏油路，向前望去可以看見閃亮發光的水窪。

「咦？今天下過雨嗎？」

「好像是吧！我都沒注意到。」

因為天氣實在太熱了，所以等他們走到水窪附近，水好像已經全乾了，完全看不見水窪。

第二天，天氣同樣炎熱，小勉和香織走在和昨天一樣的路上，一起回家。

他們同樣也看到了在這條路的前方有水窪。

昨天他們對水窪沒有特別的感覺，今天卻感到很奇怪。因為今天一整天都是好天氣，根本就沒有下過雨，而且如果真的下過雨，地面其他地方應該也會被淋溼才對。

小勉和香織走到他們所看到的水窪附近。

和昨天一樣，水窪已經消失了。

「可能是有人在灑水吧！」香織說：「而且水馬上就乾了。」

小勉也覺得應該是這樣沒錯。這天，兩人各自回家了。

到了第二天。

天氣同樣很炎熱。

小勉和香織一起從學校走回家的路上，又在這條路上發現了水窪。

兩人站著不動。

今天一樣也沒有下雨，當然其他地面都沒有淋溼。

可是，他們在這條路的另一頭，仍舊看到了閃亮發光的水窪。

「難道又有人灑水了嗎？」小勉說。

「我們過去看看吧！」香織邊說邊向前跑去。

她應該是想在那水窪乾掉之前，到那裡去看看吧！

香織跑得很快，小勉好不容易才追上她。

先跑到那裡的香織，在水窪附近站著，四處張望。

小勉好不容易才追上她。

香織說：「這實在太奇怪了，不可能這麼快就變乾的。」

沒有錯，地上一點水窪的痕跡都沒有，柏油地面非常乾燥。

剛剛還看到的水窪，為什麼突然就不見了呢？

於是，小勉他們決定再跑回剛剛站的那個地方看看。

雖然兩個人都很累，但是，他們心想，說不定剛剛以為是水漥的東西，其實是自己看錯了。

兩個人又回到原本的地方，再次往路的另一頭望去。

結果，剛剛那個地方果

然又出現了水窪。

「原來如此，那個水窪其實不是真正的水，只是看起來像水窪而已。」

小勉他們又跑到水窪的附近，那裡確實並沒有水窪。

小勉的推理似乎猜對了。

「啊，開始下雨了。」

這次可真的下雨了。

夏天的雨總是來得又急又猛。

沒有帶傘的兩人，急忙快步奔跑。

解謎時間

光線會彎曲

夏天發熱的柏油路上，明明什麼東西都沒有，有時卻會看見類似水窪的東西。

近前看時，這水窪有時會消失，有時則會跑到更遠的地方。這種現象稱為「海市蜃樓」。

在太陽曝曬下，柏油路面會很熱，接近柏油路面的空氣也會變很熱，和上方的冷空氣剛好分成兩部分，在這兩種空氣的交界，光線具有朝向冷的一方彎曲的性質。

如下圖，於是路面就能映照出天空，好像路面上有水窪。

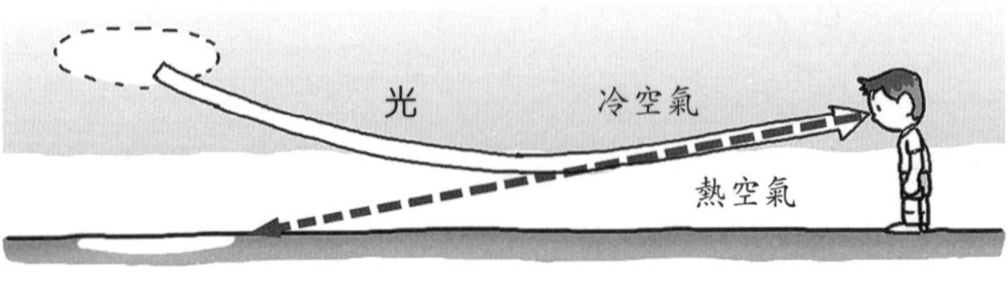

科學小實驗

碗裡裝水便現身的硬幣

1

將硬幣放在大碗的底部，從碗的邊緣看不見硬幣。

使用不透明的碗

2

保持這樣的狀態，在碗中裝水，就可以看到硬幣呵！

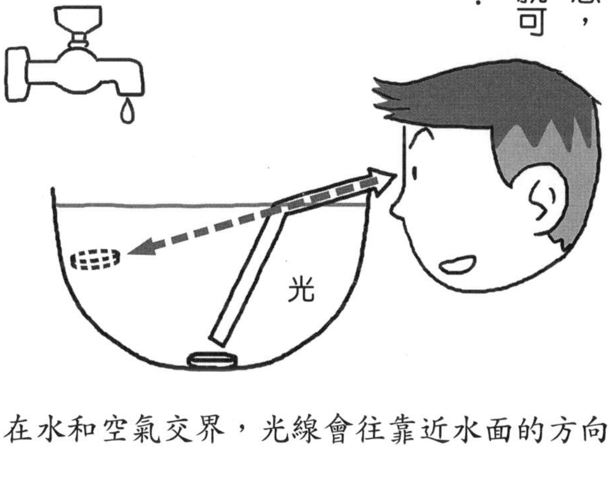

在水和空氣交界，光線會往靠近水面的方向彎曲。

給大人的話

光線在密度不同的物質（例如空氣和水、熱空氣和冷空氣、熱水和冷水）交界上具有曲折的性質。像是將手指放在水中看起來會比較短，也是一種光線曲折的特性。

抓不到的明信片

明天附近的神社即將要舉辦夏日祭典。

小勉每年都非常期待夏日祭典，有釣金魚、棉花糖、射飛鏢、蘋果麥芽糖，還有最期待的炒麵。

在祭典時，和大家一起吃的炒麵，為什麼會那麼好吃呢？看來將來需要好好研究一下。

不過，現在小勉有個頭痛的問題。

「真糟糕。」

再怎麼算，小勉的零用錢似乎都不夠讓他在明天的祭典裡盡情的玩。

他從剛才就不斷把撲滿倒出來好多次，但不管再數幾次都是一樣。

這也難怪。小勉用這個月的零用錢買了想看的漫畫。

早知如此，當初就應該忍著不要買漫畫。不過，現在說這些都太遲了。

沒辦法，小勉只好想想其他的方法。

「媽媽，有什麼需要幫忙的嗎？」

看破小勉伎倆的媽媽，假裝沒聽到。

小勉這時才想到，上個月好像才用過這個方法。

「這下糟糕了。」

就在這時，爸爸笑著走近他。

「小勉，你是不是想要零用錢呀？」

真是太神奇了。小勉心想，從明天開始要尊稱爸爸為「父親大人」。

這時，爸爸對他說：「如果你能夠抓住這個，我就給你零用錢。」

爸爸亮出了手上拿著的明信片。

「真的嗎？真的會給我零用錢嗎？」

「遊戲規則很簡單。」在爸爸放掉手中的明信片後，只要小勉能在明信片掉到地板之前抓到，就可以獲得特別零用錢。

這個遊戲聽起來實在太簡單，小勉覺得有點驚訝，但他還是馬上答應要挑戰。

「不過，你只能用食指和大拇指抓住喔！」

不管怎麼抓都一樣，一定會抓住的。小勉心想。

他把手指頭放在靠近明信片的下方等著，只要在爸爸放開手的那一瞬間，抓住明信片就行了。

這實在太簡單了。

小勉好開心，一直盯著爸爸的手。

一定沒問題的。

下一瞬間，爸爸的手指動了，明信片從他的手中掉下來。

小勉也在這個瞬間馬上做出反應。

沒想到，小勉的手指頭根本沒能碰到明信片，明信片就掉到了地面。

「哎呀，真遺憾。」

爸爸撿起掉在地上的明信片，呵呵的笑了。

小勉覺得很奇怪。因為他確實在爸爸的手指動了之後，馬上做出反應。他以為自己一定能夠抓到。

「等一等。再一次、再一次嘛！」

他心想，剛剛只是不巧動作慢了點，小勉拚命的拜託爸爸。

可是，在那之後不管挑戰多少次都一樣，好像快要抓到，最後都沒有抓到。

奇怪的是，他明明清楚看到爸爸的手指一動，明信片瞬間掉下，卻來不及抓住。一回神，明信片已經穿過爸爸的手指間，掉到地面上了。

挑戰幾次後，小勉覺得不可思議。他可以看到爸爸的手指離開明信片的瞬間，但即使自己知道「就是現在」，手指也沒有辦法馬上反應。雖然他的心裡想要趕快抓住，可是實際上到手指移動之前，似乎還要等待一點點時間。

小勉決定問爸爸。

「該不會誰來挑戰都抓不到吧？」

爸爸聽了他的話，顯得很開心，笑個不停。「誰知道呢！這只是告訴你，零用錢沒那麼好拿的。」

說完，爸爸開始收拾明信片。

「啊，這個方法聽起來不錯呢！從下個月開始，爸爸的零用錢也用這個方法好了。」

小勉可沒錯過爸爸聽到媽媽這句話時驚訝的表情。

解謎時間

明信片掉得比動手指快

在別人放開明信片的瞬間，你能夠抓住明信片嗎？

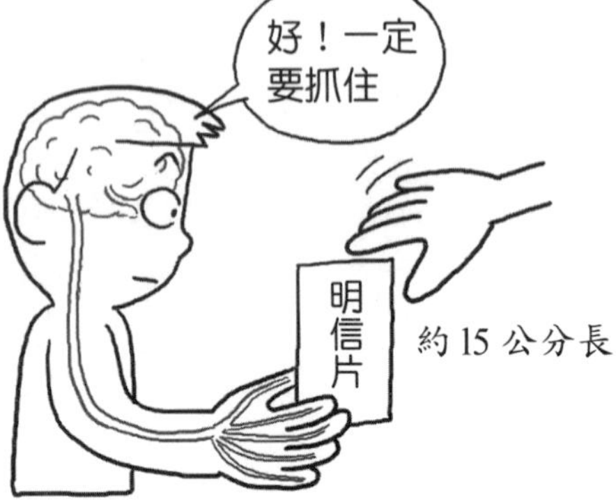
好！一定要抓住
明信片
約 15 公分長
手在明信片下方待命

大部分的人應該都無法抓住，因為從看到東西到大腦發出指令使手做抓的動作為止，大概需要零點二秒。

啪！

大腦透過神經傳送指令到手指的肌肉，就是大腦的反應速度，而大腦是需要花一點時間才能做出反應的。

0.2 秒以內，明信片會掉落 15 公分以上的距離。

科學小實驗

挑戰反應速度

每個人的反應速度稍有不同。可以用畫上刻度的紙來測量。一人握住紙的一端，然後放開，另一人接住落下的紙，看看接住的位置是紙上的哪個刻度。

	第一次	第二次	第三次	平均
小徹	18	15	16	16.3 cm
由理子	19	21	18	19.3 cm
高史	13	18	15	15.3 cm
小遙	16	19	21	18.7 cm

給大人的話 一般人的大腦反應速度平均是零點一八到零點二一秒，如果是受過訓練的運動選手會有較快的反應速度；拳擊手則有零點一二秒的紀錄。

在水裡跳舞的球

愉快的夏日祭典轉眼間就結束了。

白天時大家扛著轎子在鎮上繞行，嘿咻嘿咻的叫得喉嚨都快啞了。抬轎遊街的節目結束後，攤販就開始營業，其中最有趣的就是撈球了。

小勉每年都非常期待撈金魚，今年他到撈金魚攤販所擺的超級撈球池來小試身手。

裝滿水的池子裡，放了許多五彩繽紛的球。只要他能巧妙的將這些球撈起，所撈到的球都可以帶回家。數了數，小勉大概拿了十五個之多。

說不定這比撈金魚還要簡單呢！

有些球的顏色是他以往沒看過的，使他迷上了撈球遊戲。他特別喜歡的是其中一顆透明的球，球裡有許多閃亮顆粒。

小勉把球滾著玩、彈著玩，回家之後，還玩了好一陣子。洗澡的時候，他也把球浮在水面玩。當球浮在浴缸時，看起來就像在攤子上看到的一樣，洗澡變得好愉快哪！

小勉讓球在浴缸裡一會兒浮一會兒沉。玩著玩著，他開始發呆。

泡澡泡太久，他開始有點頭暈了，要是再繼續泡下去可能真的會暈倒，小勉連忙打開水龍頭，放出一點冷水到浴缸。

原本很熱的水變得稍微溫了些。

小勉這才覺得舒服了一點。這時候，他發現了一件不可思議的事。

有一顆球在水龍頭的水柱下都不移動。但是仔細看，這顆球在原地不斷轉動。

小勉看了覺得很有趣，

試著用手指頭稍微推了推。

球被推動了一點點，但馬上又回到水柱下，繼續原地轉個不停。看起來就好像在瀑布下沖水修行一樣。

再仔細看看，這顆球的周圍都有水，球就好像

被水抓住了一樣，而且完全不會離開這個地方。

他試著使球浮在離水龍頭較遠的地方，但是，慢慢的，球又被吸到水龍頭下方。然後，它又跟剛剛一樣被水抓住了。

小勉試著把水關掉。

他推了推球，現在則可以輕易的在水面上推動這顆球了。然後球慢慢的移動到浴缸的四處，浮在水面上。

小勉再次打開水龍頭。

球開始稍微移動，又跟剛剛一樣慢慢的來到水龍頭下方。

球就像被水柱吸住一樣，再次在水柱下方原地滾啊滾的轉個不停。

看來，從水龍頭裡流出的水可以抓住浮在水面上的球。

這時，小勉不只放一顆，而是把所有的球都集中在水龍頭下方。

於是，所有的球在水龍頭下互相碰撞，不停的

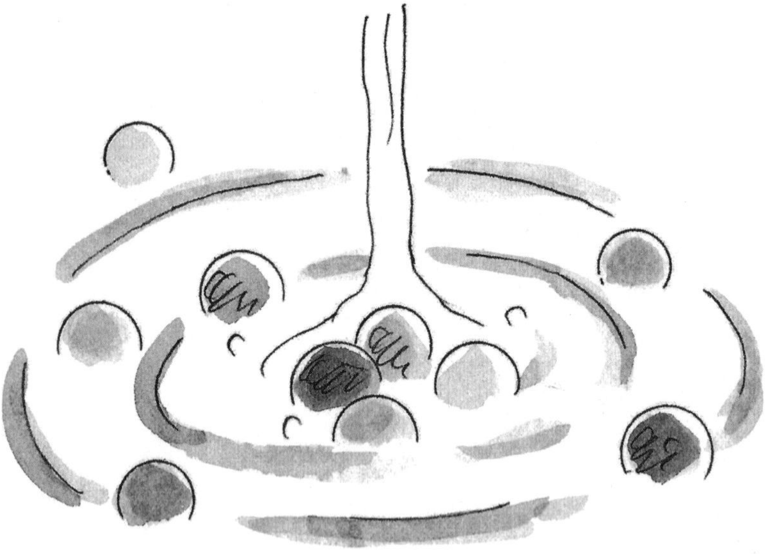

轉動，一會兒在上，一會兒在下。就好像有生命般，開始不斷的轉動。

「哈啾！」

因為研究得太入迷，好像放太多冷水了，整缸水都變冷，再這樣下去會感冒的，小勉急忙打開水龍頭，將熱水放進浴缸中。

解謎時間

球一離開水流就被抓回

在流水中的東西會被拉向流速比較快的地方。因此，球無法跑出水柱以外的地方。

球之所以會被水抓住，是因為水的力量發揮作用，讓球無法從水柱中逃出。

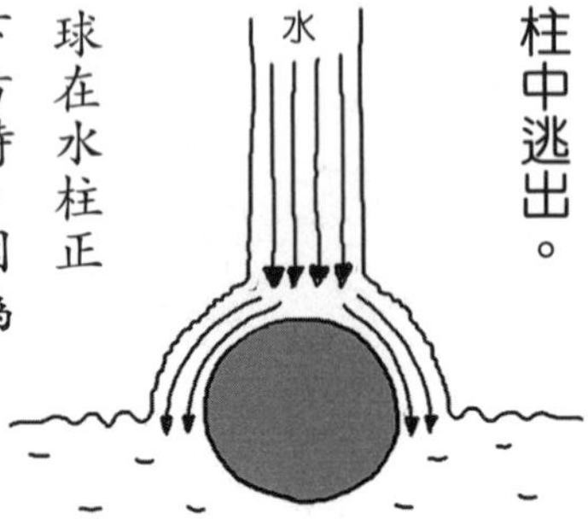

球在水柱正下方時，因為左右的水流相當，所以球就不會移動。

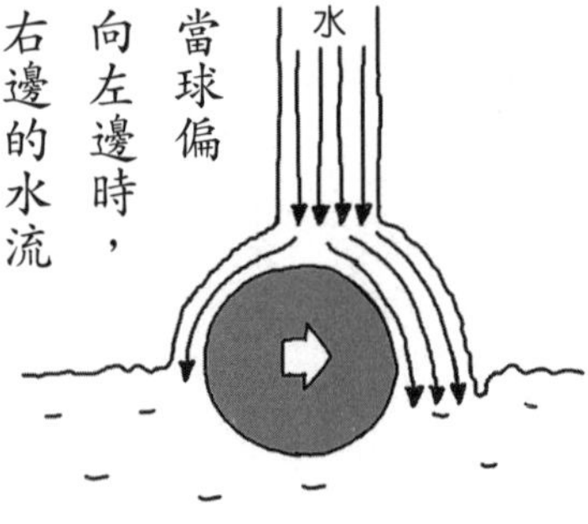

當球偏向左邊時，右邊的水流速度會變快，所以球會被拉向右邊。

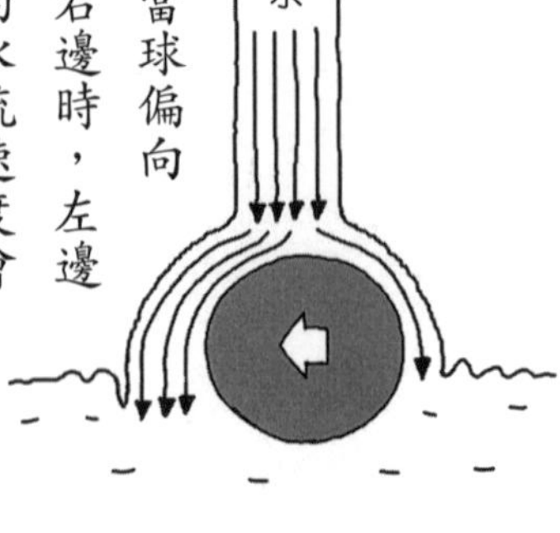

當球偏向右邊時，左邊的水流速度會變快，所以球會被拉向左邊。

科學小實驗

浮在空中的乒乓球

打開吹風機，使冷風朝上方吹，就能讓乒乓球浮在空中。乒乓球只會輕輕搖晃，不會掉到地上。

這跟在水下方的球一樣，乒乓球如果偏移氣流的中心，由於氣流中心的氣流速度較快，壓力較小，因此乒乓球會被外側較強的壓力推回氣流中心。

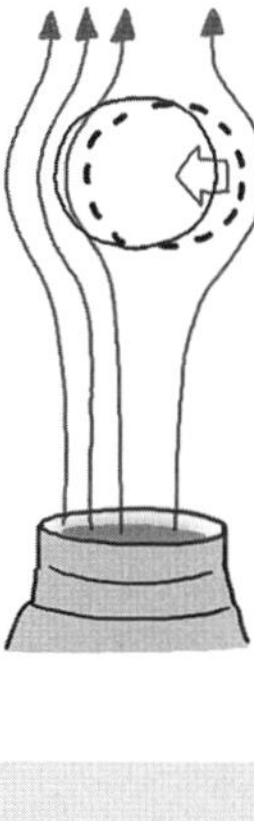

給大人的話

空氣和水的流動具有很奇妙的性質。飛機的翅膀也是利用這種性質，才會有上升力。請指導孩子使用吹風機時一定要轉成「冷風」來做實驗。

沒有顏色的隧道

小勉一邊望著車窗外流動的景色，一邊回想著愉快的暑假時光。

每年暑假，小勉最喜歡到鄉下和爺爺一起玩，今年也一樣，全家一起去了爺爺家。

大家一起烤肉，在河邊玩，今年他還第一次挑戰了釣魚。雖然，很可惜一隻魚都沒釣到，不過，又多了一個暑假的回憶。

對小勉一家揮手道別的爺爺奶奶，在車窗的身影愈來愈小，現在已經完全看不見了，真讓人捨不得啊！

再過幾小時就要回到東京，暑假轉眼間就結束了。

小勉想起幾項還沒有完成的暑假作業，瞬間回到現實，不知不覺發起呆來。

回到東京的路上，會穿過好幾個長長的隧道。不知道進入第幾個長長隧道時，小勉突然發現車子裡的顏色很奇怪。

原本以為是自己的眼睛

疲勞，但是，他揉了揉眼睛，車子裡的顏色果然不太一樣。看看坐在自己身邊，在假期中盡情玩樂而筋疲力竭的妹妹正安穩熟睡。

「咦？襯衫的顏色變了。」

沒錯，妹妹身上的襯衫原本應該是可愛的紅色，但現在看起來卻變成了灰色。

車子依然持續在隧道裡前進。

小勉很想問問爸爸為什麼會有這個奇妙的現象。

就在這時，車子快速的離開了隧道。

車子一離開隧道，剛剛那奇妙的現象就消失了，恢復到跟平常一樣，妹妹身上的襯衫仍舊是紅色。

「怎麼了，小勉？」

「嗯，沒什麼。」

剛剛那感覺是怎麼一回事？為什麼妹妹身上的紅色襯衫，看起來會變成灰色的呢？

不只是襯衫，他覺得車子裡所有的顏色都變得很奇怪。

進入隧道時，顏色好像突然都不見了。對了，就像在爺爺家看到的舊照片一樣。

可能是自己太累了吧？就在小勉這麼猜想的時候，車子再次進入隧道中。剛剛他覺得奇怪時，也是在隧道裡。小勉心想，說不定又會有一樣的感覺呢！於是，他開始仔細的觀察車內的顏色變化。

果然沒錯，一進入隧道裡，就跟剛剛一樣，車子裡的顏色和大家身上衣服的顏色，看起來都跟原本的顏色不一樣了。

「原來如此，一進入隧道裡，顏色就變了。」

但是，為什麼顏色會改變呢？

小勉很認真的看著周圍。隧道裡點的燈，是從沒看過的橘色燈光。

該不會是因為這種燈光照射的關係，所以顏色才會

改變吧？小勉猜想。

就在這時候，車子出了隧道。顏色又恢復了原本的樣子。道路的前方已經可以看到下個隧道的入口。

「這真有意思！」

回家後一定要馬上研究這不可思議的現象。小勉突然覺得好開心。看來，原本不知道該寫什麼才好的自由研究功課，這下找到主題了。

解謎時間

陽光包含許多顏色的光

葉子是綠色的、郵筒是紅色的，這是因為太陽光像彩虹一樣，包含許多顏色的光。

郵筒反射了陽光中的紅色光線，所以看起來是紅色的。
葉子反射了陽光中的綠色光線，所以看起來是綠色的。

陽光透過三稜鏡後，會區分出各種不同顏色，由此可知，陽光是由許多不同顏色的光混合而成。

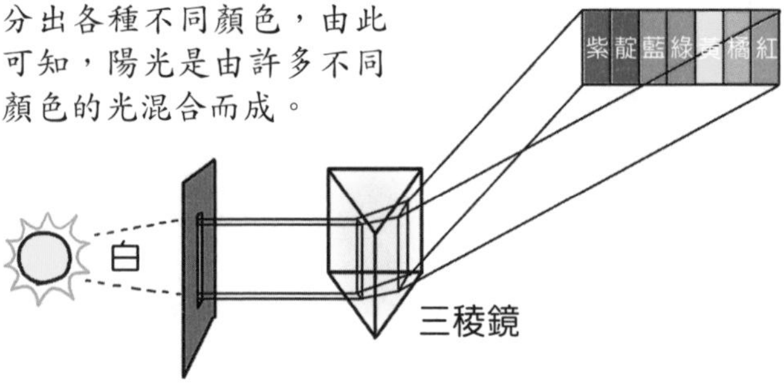

隧道的燈稱為鈉燈，這種燈只發出橘色光線，所以其他顏色就看不清楚了。

科學小實驗

文字不見了

準備手電筒、與螢光筆同顏色的玻璃紙。

1 用紅、藍、綠色螢光筆在白紙上重疊寫下許多文字。

2 在暗處用紅、藍、綠光線照射，和光線相同顏色的字會消失不見。

看到的字會偏灰色。

在鈉燈照射下，顏色會變得不一樣。

給大人的話

我們的眼睛看得見物體的顏色是因為陽光照射到物體，而物體顏色的光再反射到我們眼睛的緣故。隧道裡多使用鈉燈，只發出橘色的單色光，所以其他顏色就看不見了，只剩下顏色濃淡的區別。實驗時使用類似螢光筆等淡色，比較容易觀察到字跡消失的樣子。

漂浮的扭蛋

暑假時，小勉到爺爺家幫忙整理房間，發現了這些彈珠。

「哇，真令人懷念！這些彈珠是我小時候收集的呢！為什麼以前這麼喜歡這些東西，現在想想還真奇怪呢！」爸爸看著這些彈珠時，顯得很懷念的樣子。

小勉小心翼翼的從爺爺家把這些彈珠帶回家。他騎上自行車，迫不及待想將這些彈珠拿給小修看。

小勉把裝了許多彈珠的盒子，放在自行車前的籃子裡，便出發了。

沿途通過一條有點崎嶇不平的道路，小勉穿過這條路時，彈珠就好像有生命的物體一樣，在盒子裡跳舞。

因為這個盒子沒有加蓋，所以彈珠差點兒從盒子裡跳出來。

「真危險！早知道應該加上蓋子的。」

他心想，回家之後一定要換成一個有蓋的盒子，想著想著已經到了小修家。

小修好像是第一次看到這麼多彈珠，顯得非常高興。

他們在小修家的走廊上，把所有彈珠都倒在地上玩。小修好像也很喜歡彈珠，所以小勉特別挑選了幾個彈珠，送給小修。

「謝謝！那我拿這個跟你交換吧！」

小修拿來了一個裝在扭蛋裡的玩具，送給小勉。

在回家的路上，小勉將裝彈珠的盒子放在自行車前的籃子裡，然後把小修送給他的扭蛋放在最上面。

騎了一會兒之後，自行車開始搖晃，結果扭蛋從盒子裡彈了出來。

小勉連忙把它撿回來。為了不讓扭蛋再次彈出去，他把扭蛋埋在彈珠中。

「好，這樣應該沒問題了。」

不過，沒想到他在這條崎嶇的路上又騎了一會兒之後，原本埋在深處的扭蛋又跑到了彈珠的最上方。

小勉急忙停下腳踏車，盯著盒子。

為什麼會這樣呢？剛剛明明把它放在最下面的啊？他覺得很奇怪，再次確實的把扭蛋埋在彈珠中間的最下方。

接下來的路上，他一邊騎車、一邊觀察盒裡的狀態。

崎嶇的路上，彈珠在盒子裡小幅度的抖動著。

「啊！」

小勉大叫了一聲，停下自行車。

沒想到剛剛確實深埋好的扭蛋，竟然又跑到最上面來了。

小勉覺得很奇怪，他把盒子從自行車上拿下來，再次把扭蛋放進去，這次他試著自己動手搖了搖盒子。

喀噠喀噠，他模仿剛剛車子行進的狀態搖晃著盒子，並觀察盒裡的情形。結果移動的幅度雖然不大，但扭蛋還是一點一點往上移，最後終於移動到所有彈珠的最上面。

「原來如此，經過搖晃會讓扭蛋跑到最上面來啊！」

看來不管它被埋得多深，只要彈珠搖晃，扭蛋就會跑上來。

「好！回家之後再仔細的研究吧！」

這次小勉把扭蛋放進自己的口袋，再次跨上了自行車。

解謎時間

彈珠搖晃具有類似水的性質

放了彈珠的盒子底部有一個扭蛋。如果震動盒子，許多彈珠就會跟著搖晃，整體來說，彈珠會呈現類似水的性質。

受到周圍彈珠的推擠，扭蛋會慢慢的從下方往上移動。

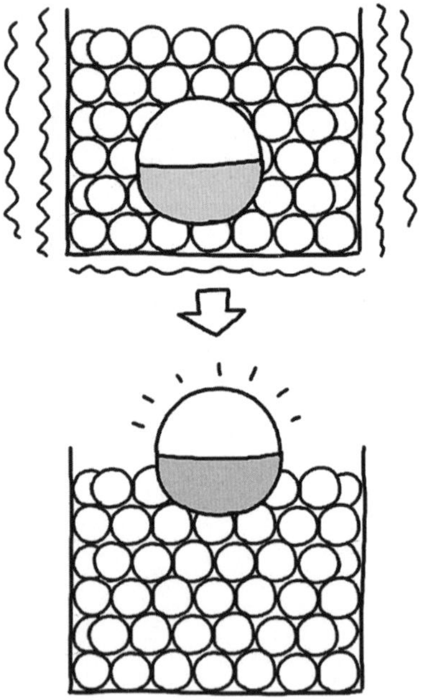

扭蛋和彈珠相比，雖然體積較大，但是重量較輕，所以會慢慢由下方移動到上方。

科學小實驗

玩玩浮沉遊戲

在杯子裡放米，再輕敲杯子幾下，觀察杯裡放了重的東西和輕的東西時，各有有什麼現象。

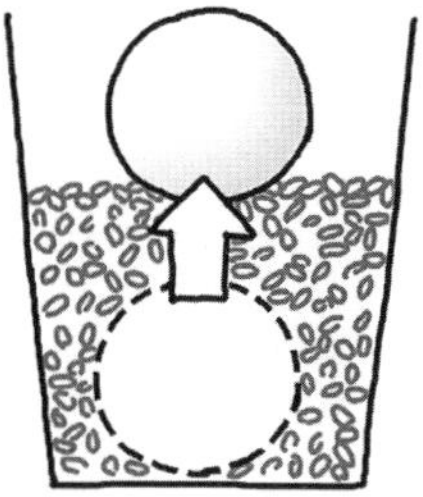

乒乓球即使放在米中間也會往上浮。

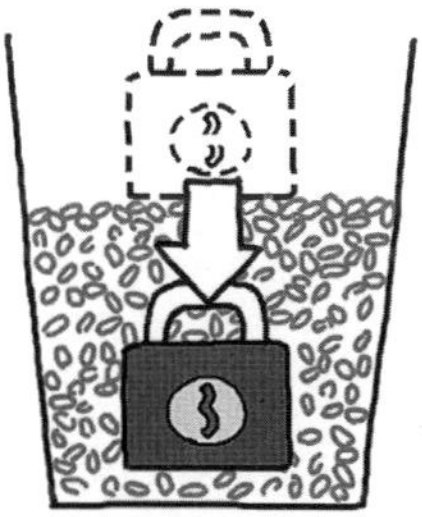

鎖頭即使放在米上面也會往下沉。

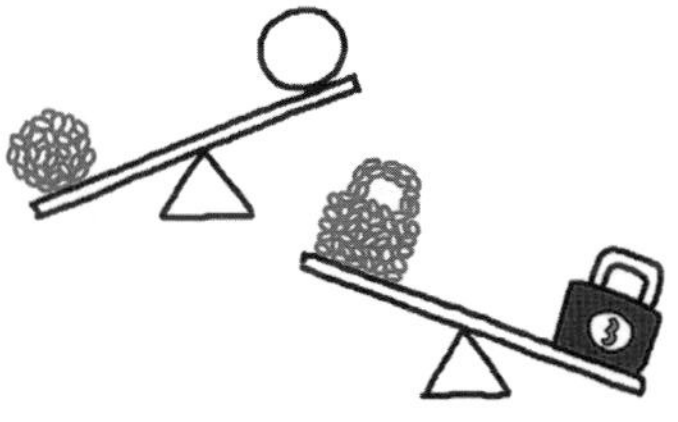

乒乓球（鎖頭）和一堆米的體積相同時，由於乒乓球比米輕，所以會浮起來，鎖頭比米重，所以會沈下去。

給大人的話

彈珠或米粒狀的東西，如果經過震動就會具有類似液體的性質。和彈珠或米粒的體積相同時，扭蛋等比較輕（比重較小）的東西會往上浮，鎖頭（或其他金屬）等比重較大的東西則會往下沉。請指導孩子在實驗後要把米洗乾淨。

溫泉蛋的祕密

小勉想起了全家一起旅行時，曾經在旅館的早餐中吃過一種奇怪的蛋，蛋殼打破後，會有黏稠的蛋黃和蛋白。

蛋白的部分已經完全變白，但還是呈現黏稠狀態。蛋黃還沒有全熟，但已經有一點凝固，看起來非常奇怪。這種蛋既不是生蛋，也不算水煮蛋。

「這叫溫泉蛋。」爸爸微笑的告訴小勉。

爸爸非常喜歡這種溫泉蛋，他看到小勉好奇的盯著溫泉蛋，便對小勉說：「如果你不要的話，那爸爸幫你吃好了。」

小勉連忙拒絕爸爸，趕緊吃起自己的溫泉蛋。

沒想到溫泉蛋竟然這麼好吃，小勉的嘴角不禁上揚，笑了起來。

吃到好吃的東西時，人總是不自覺的露出笑容。這種蛋的美味，就會讓人自然而然的展露笑容。

旅行的回憶雖然很多，但沒有一件能勝過這溫泉蛋

的美味。

小勉實在很想自己試著做出溫泉蛋。雖然他沒有自己煮過水煮蛋，但是他心想，或許只要把煮水和煮蛋的時間縮短，就可以做出溫泉蛋了吧！

一有這個念頭，他立刻就想試試。

在媽媽的幫忙下，小勉在平時煮水煮蛋的時間進行一半時，就將蛋從熱水中取出來，開始剝殼。

煮出來的蛋，蛋黃比平常還要軟，是一顆很軟的水煮蛋。

「這種蛋叫做半熟蛋喔！」爸爸笑著看這顆蛋說。

小勉認真的思考。

「既然是溫泉蛋，那應該是利用溫泉煮的吧！」爸爸這句話給了小勉非常大的提示。

怎麼沒發現這一點呢！既然名叫溫泉蛋，當然是用溫泉煮的嘛！小勉馬上把蛋帶到浴室。

他將蛋放在熱水中，等了一會兒。

「等一下就可以吃到溫泉蛋了！」小勉滿懷期待。敲開蛋殼一看，流在盤子裡的是有一點點溫熱的生蛋。

小勉又開始思考。

對了，旅行時泡的溫泉比家裡的熱水還要燙。

於是，小勉改把蛋放到茶杯裡，然後倒入熱水瓶裡的滾燙熱水。

雖然小勉覺得這熱水比溫泉燙了些，但他還是繼續等了三十分鐘。

小勉拿出蛋來，小心的敲破。從蛋殼裡現身的是柔軟黏稠的蛋白，和有一點點凝固的蛋黃。

「太好了！這就是溫泉蛋！」

這蛋跟在旅館裡吃到的溫泉蛋非常像。原來，溫泉蛋的祕訣就在加熱的溫度和時間上。

小勉覺得好高興，一口就吃掉了這好吃的溫泉蛋。

當然，他的嘴角又再次揚起，露出了滿足的笑容。

解謎時間

蛋黃蛋白凝固溫度不同

溫泉蛋的蛋白柔軟，蛋黃較硬。換句話說，和半熟蛋正好相反。

溫泉蛋　　半熟蛋

蛋會因為受熱而凝固，但仔細看，蛋黃凝固的溫度其實比蛋白還要低一點。

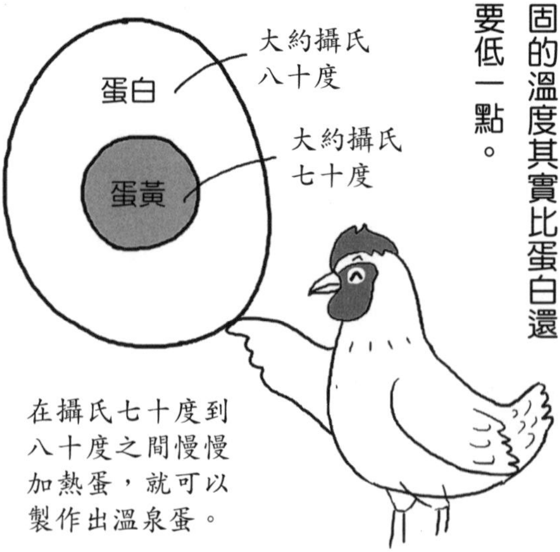

在攝氏七十度到八十度之間慢慢加熱蛋，就可以製作出溫泉蛋。

科學小實驗

自己來做溫泉蛋

利用速食麵的空杯

1 在速食麵的空杯裡放進一顆生蛋，再倒入熱水，蓋上蓋子。

注意：熱水很燙，小心別燙傷。

2 經過三十分鐘到四十分鐘後取出蛋。

利用咖啡機

1 在咖啡壺裡放進生蛋，再滴入咖啡機的熱水。

2 等到熱水蓋過蛋之後，放置十二分鐘到十五分鐘後取出。

注意：熱水很燙，小心別燙傷。

給大人的話 溫泉蛋的食譜有很多種，在這裡介紹兩種比較簡單的食譜。請教導孩子注意不要被熱水燙傷。

太陽知道謎底

這天，小勉等人聚集在校園裡一起認真研究一件事。而他們聚集的原因要追溯到上星期。

「你們覺得這是什麼？」

紗織將一張紙拿給在圖書室裡看書的小勉和小修看。

紙上寫著：「秋天分半的日子，旋轉的公雞降落到獅子身上時，注意看馬頭。給未來的你的挑戰書」。

這張紙條像書籤一樣，偷偷的夾在沙織正在讀的一本厚厚舊書中。

「好酷喔！這一定是某種暗號吧！」小修說這應該是藏寶地點的暗號，而他說這話時整個人顯得很興奮。

「我們大家一起來找找看吧！」小勉當然也興致勃勃。

「不過，秋天分半的日子，是指什麼時候啊？」

這時，沙織指著牆壁上的日曆說：「啊！這就是秋天日夜平分的日子。」

仔細一看，月曆上寫著「秋分」。

「對了，原來秋天分半的日子，指的就是『秋分』啊。」

而今天就是大家期待已久的「秋分」。

小修等人一大早就聚集在假日的校園裡，從剛剛開始就一直在調查暗號上所寫的句子。

首先，學校裡的公雞不可能被放出來，所以當然也不可能爬到獅子身上去。

再說到獅子，現在學校裡可以看到的獅子，除了貼在體育館牆上的一張老舊微笑獅子圖之外，沒有其他的獅子。

公雞也不可能爬到獅子的圖畫上去。

至於馬頭，很可能是校園入口放置的那座巨大馬銅像。

不過，暗號雖然寫著要看馬頭，但不管怎麼看，這銅像的馬頭上都沒有能藏寶物的地方啊！小勉愈想愈糊塗，疲倦的坐在地上。在他腳邊的地面上，螞蟻正排成一列，辛勤的搬運東西。

小勉在螞蟻行列的後面，突然看到了一隻黑色的公雞。

「啊！是公雞！」

那是設置在巨大公雞小屋的三角屋頂上的風向雞。風向雞的影子倒映在校園的地上。

「是公雞！是旋轉的公雞啊！」

原來如此，暗號裡「旋轉的公雞」是指在被風吹動後會旋轉

的風向雞。

「不過，公雞要怎麼樣降臨到獅子身上呢？」

小修問得好。

過了一會兒，看著影子的沙織突然發現到一件事。

「這公雞的影子會動呢！」

仔細看看，地面上的公雞影子稍微移動了位置。而且影子正往體育館的方向移動。再繼續移動下去，最後一定會跟掛在體育館牆上的獅子圖畫重疊。

「原來如此，繼續移動下去，公雞就會降臨到獅子身上了。」

小勉已經完全了解。

這個暗號寫的其實是關於秋分這天，校園裡可看到的影子。

換句話說，當風向雞的影子重疊在獅子圖案上時，馬銅像的頭部影子落下的地面，就是謎底。

馬的影子也不斷的在稍微移動。

「是那裡！快去看馬頭的影子！」小勉對另外兩人說。

再過不久，旋轉的公雞就要降臨到獅子身上了。

馬頭底下到底埋著什麼樣的寶藏呢？

小勉他們手中緊握著鏟子，朝著馬銅像的方向跑去。

解謎時間

影子永遠都在動

當公雞的影子重疊在獅子身上時，馬銅像的影子也會落在特定的地方。

影子可以成為記號

從每個月影子的長度就可以知道……

影子的方向隨時間而不同。

每年地球與太陽的相對位置重複出現的時刻，物體的影子會落在相同位置，如秋分。由於地球繞太陽公轉一圈的時間略有差異，所以有些年分的秋分日期會不一樣。

科學小實驗

製作簡單的太陽時鐘

1 將兩張二十到三十公分的正方形瓦楞紙板貼在一起。在紙上畫出垂直和水平的平分線以及對角線。背面也同樣這樣畫。

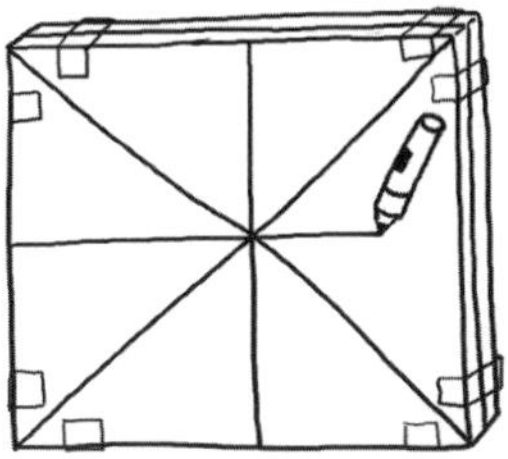

2 用圓規畫圓，再將步驟1所畫的每一份分成三等分（成為每格15度），背面也一樣。這些線就代表時間。

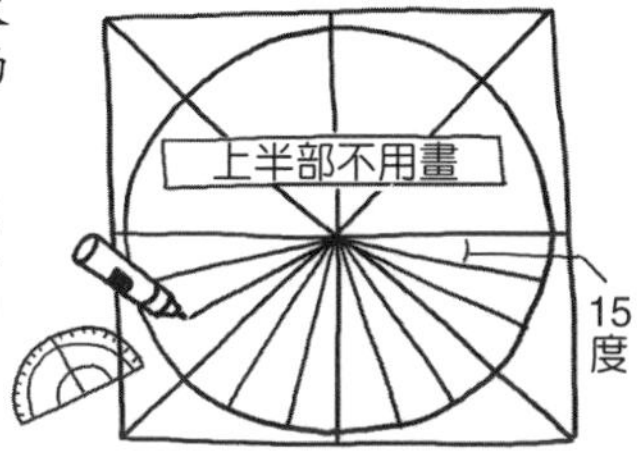
上半部不用畫
15度

3 在圓的中間穿過一根筷子，借用箱子的邊角來確定筷子呈垂直。

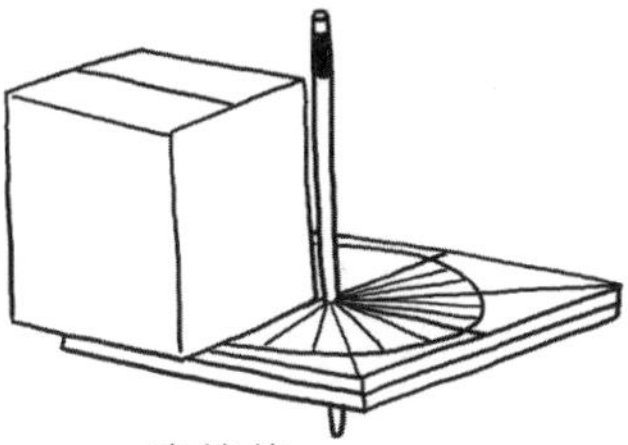

筷子插入瓦楞紙板處用白膠固定。
使筷子和地面呈30度。
三角尺
30°
30°

如果要製作得很精確，此處的「30度」應配合自己所住地方的緯度來調整。

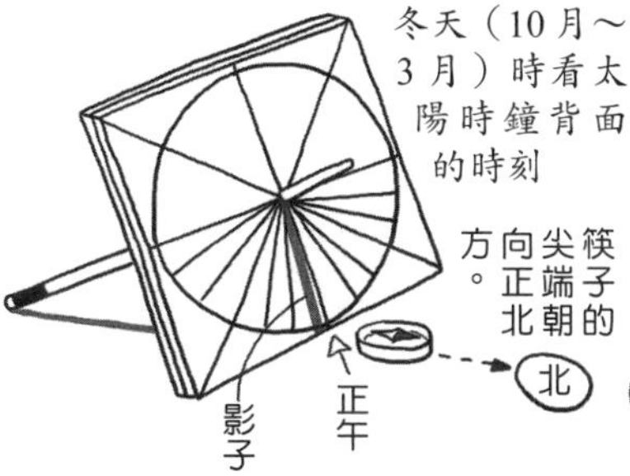
冬天（10月～3月）時看太陽時鐘背面的時刻
筷子的尖端朝向正北方。
正午
影子
北

給大人的話

太陽時鐘是觀察影子動向最好的教材，不需要太講究細節。請指導孩子避免將太陽時鐘設置在道路等危險的地方。

更簡單的太陽時鐘

1 畫個圓，在中間固定一根棒子。

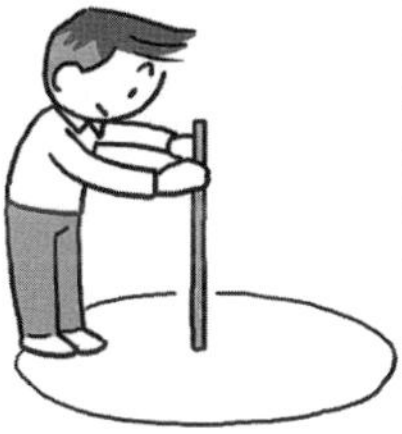

2 配合時間，每整點時在影子落下的地方畫下記號。

新的月份開始時，位置也會有一點偏移，請重新調整位置。

亮晶晶的十元銅板

爸爸的生日快到了，小勉決定要買禮物送給爸爸。但是，他數了數現在手裡的零用錢，跟他想買的禮物相比，金額還少一點點。

於是，小勉打開了自己的撲滿。

當他收到零用錢或壓歲錢時都會存進一點。現在他不知道撲滿裡有多少錢，不過已經有一陣子沒有從裡面拿錢了，應該還有不少吧！

如果可以，他真不想打開撲滿，但這也沒有辦法。

小勉終於下定決心，打開了撲滿。

打開撲滿豬肚子上的蓋子，裡面的銅板全滾到了桌

面上。

小勉覺得有點失望，因為大部分都是十元和一元的銅板。

由於小勉一拿到零用錢，幾乎馬上就用光，等想到要丟進撲滿時，大部分的錢都已經拿去買東西，只剩下找回的零錢了。難怪撲滿裡幾乎都是十元和一元硬幣。

不過，撲滿裡還是有一點點百元硬幣，和奇蹟般出現的五百元硬幣。所以，小勉決定一個一個仔細數清楚。

數著數著，小勉發現桌面上很髒。

他覺得自己手上似乎沾上了什麼黏黏的東西，仔細一看，原來是晚餐吃炸可樂餅時沾到的醬汁。

小勉把醬汁擦乾淨，又開始數錢。

為了方便計算，他把好幾枚硬幣疊在一起，排在桌子上。擺放的時候本來抱著希望，覺得錢說不定足夠，可是擺放的數量雖然很多，加起來

的金額卻沒多少。

小勉很失望，正想把錢裝回撲滿。

就在這時，小勉發現了一件奇怪的事。

有幾枚十元硬幣看起來好像比剛才更閃亮，剛剛從撲滿裡倒出來的時候，明明沒有任何一個閃亮的十元硬幣，所有硬幣都一樣是黯淡的咖啡色。

但是現在的十元硬幣好像被仔細的擦乾淨一樣，發出亮晶晶的光。

仔細看看發亮的十元硬幣，上面好像沾著什麼東西，看起來有點溼溼的。

小勉擦了擦這溼掉的部分，發亮的部分又更加擴大，他用力的搓了幾下，十元硬幣看起來就像新的一樣，閃閃發亮。

「對了，這是剛剛沾到的醬汁！」

沒錯，十元硬幣上沾的

就是醬汁。

不過，醬汁真的能夠讓硬幣變得這麼閃亮嗎？

小勉覺得很懷疑，試著用水清洗其他的十元硬幣，但是，都不像這枚硬幣一樣閃閃發亮。

果然，讓十元硬幣閃閃發亮的就是醬汁。

於是，小勉把醬汁拿來塗在十元硬幣上。

過了一會兒之後，他輕輕的擦掉醬汁，所有的十元硬幣都變得晶晶亮亮，再也不是剛剛黯沉的顏色了。

小勉覺得好開心，跑去問媽媽：「媽媽，這個十元硬幣很漂亮喔，你可以用一百元硬幣跟我交換嗎？」

解謎時間

醬汁可以去除鏽垢

十元硬幣表面呈現咖啡色的東西，是銅的鏽和髒污。

醬汁裡含有酸，具有去除硬幣表面銅鏽的能力。

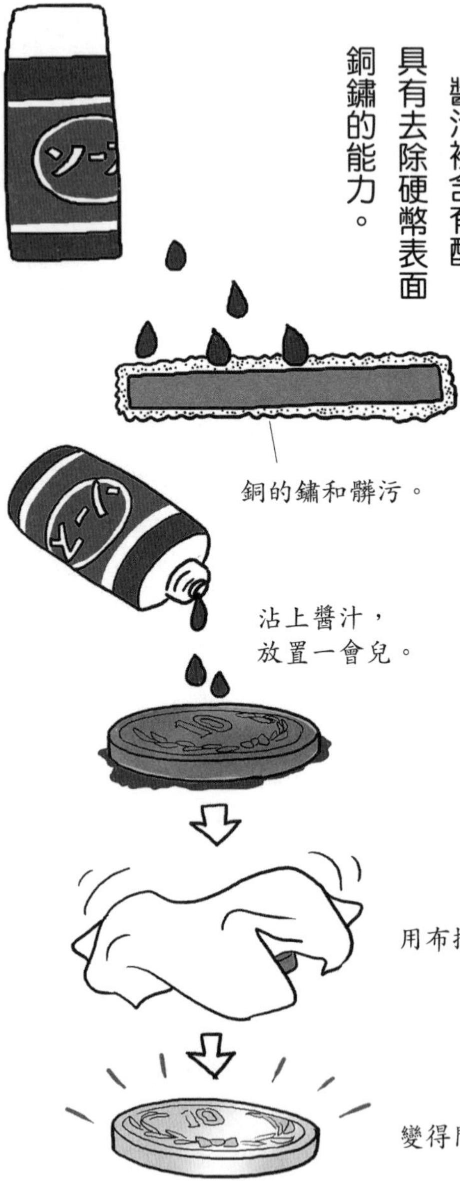
銅的鏽和髒污。
沾上醬汁，
放置一會兒。
用布擦乾淨。
變得閃亮。

科學小實驗

把硬幣變閃亮

除了醬汁之外，還有什麼東西能讓十元硬幣變得閃亮呢？

讓我們來實驗看看。

給大人的話

不管是酸性或是鹼性的液體都有效果。請指導孩子分別使用極少量的不同液體來進行實驗。

美乃滋		醋	
番茄醬		酒	
芥末		醬油	
黃芥末		咖啡	
辣椒醬		檸檬	

對付靜電

今年冬天好冷。

小勉和小修一起玩了很久後，跑步回家。

庭園的落葉裡發出沙沙的聲音，令人有一種淒涼的感覺。

冬天的天氣很乾燥。

特別是這幾天都沒有下雨，空氣相當乾燥。

小勉正要打開家裡玄關的大門，手摸在門把上時，指尖突然發出啪的一聲。在這種乾燥的冬天裡，經常會發生這種現象。

這就是靜電。

小勉最怕這種靜電了。靜電放電，有時會造成刺痛感。

應該沒有人喜歡這種刺痛吧！

當靜電累積在身體裡時，如果手摸到其他東西，就好像被拍打到一樣。

有時候小勉可以感覺到身體帶有靜電。

比方說，從外面回家脫掉毛衣的時候。這時會發出啪啪的聲音，頭髮也會變得蓬鬆。還有跟爸爸一起開車去兜風，從車子裡出來正要關門的時候。一摸到車門便有一陣刺痛感。

小勉在摸車門之前就大概猜到可能會有刺痛感，所以他總是刻意放慢速度摸，不過還是一樣會有一陣刺痛。

「怎麼樣才能避免這種刺痛感？」

明明知道會有一陣刺痛，但是還是不得不摸門把，這實在讓小勉覺得非常不甘心。

第二天，小勉要打開玄關門時，口中念念有詞：「我今天一定要想出

不會痛的方法！」

小勉認真的想。

觸摸玄關把手時，一定會感到刺痛。

嚴重時還會看見指尖有藍白色的火花呢！

「這一定是因為靜電從指尖流出去，所以才覺得刺痛吧！」

玄關的門把是金屬製的。小勉知道靜電也是一種電，而電很容易在金屬中流動。是不是靜電累積在身體裡而觸摸到金屬，靜電流到金屬時就會產生刺痛感呢？

「如果是這樣，只要不觸摸到金屬就行了吧？」小勉在觸摸把手之前，試著先摸了摸其他不是金屬的東西。

門旁邊的牆壁是用磁磚做的。當然還是有可能感到刺痛，所以他小心的慢慢接近，試著用手摸了摸牆壁。

觸摸的那一瞬間雖然有點可怕，但是一摸到牆壁，他就發現並沒有像碰觸金屬時感到刺痛。而身體帶有靜電的感覺，似乎也消失不見了。

「剛剛這樣做之後，靜電該不會已經跑走了吧？」雖然小勉仍然有點害怕，不過還是怯生生的摸了門把。如果靜電已經流光，那應該不會感到刺痛才對。

小勉慢慢接近門把，下定決心用力一握。

「果然沒錯！一點都不痛！」

看樣子靜電真的全部都流到牆壁上去了。

「摸門之前只要先摸牆壁就行了。」

從那之後，小勉一定會記得先摸牆壁，以免摸到金屬門把而有刺痛感。雖然只是一個小發現，但多虧了這個發現，以後他再也不必忐忑不安了。

解謎時間

時時都有靜電

我們在做平常的動作如衣褲互相摩擦，都會產生靜電。但平常這些靜電會流到地面或空氣中。

靜電瞬間流出會有刺痛感

累積在身體裡的靜電在我們接觸金屬時，會很快流出去，我們就有刺痛感。

慢慢釋放靜電就沒問題

和觸摸金屬相比，觸摸非金屬的東西時，靜電流出比較慢，所以不容易有刺痛感。

科學小實驗

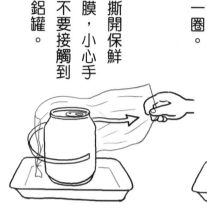

用鋁罐製造靜電

1 將含有內容物的鋁罐放在保麗龍紙盤上，用保鮮膜纏住一圈。

2 撕開保鮮膜，小心手不要接觸到鋁罐。

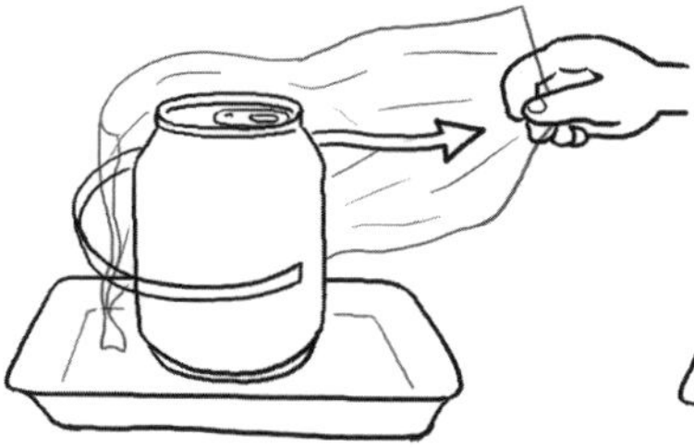

如果必須壓住鋁罐，可以用揉成一團的保鮮膜隔著手來接觸鋁罐。

3 拿其他的鋁罐來，電子就會流動。

給大人的話 撕掉鋁罐上的保鮮膜時會產生靜電，如果是在夏天等溼度較高的環境時，或許比較不明顯。

打不開的門

「有沒有什麼需要幫忙的呢？」小勉對正在看電視的媽媽說。

「是嗎？那就請你幫我用吸塵器打掃房間吧！」

小勉心想，這下糟糕了。

在許多家事中，打掃是他最不擅長的一項。不過，既然自己已經說要幫忙，小勉還是非常努力的開始打掃。

小勉無法隨心所欲的操作吸塵器。他在房間裡拉著吸塵器到處移動，但總是無法順利移動。不過，他還是很認真的做。

等到吸塵器快要吸完房間所有地方，小勉鬆懈下來時卻突然聽到很大的聲響，吸塵器的前端似乎吸住

了什麼東西。

原來是爸爸看完後丟在地上的報紙。

小勉抓住吸塵器管口的前端，想把報紙扯下來，但是因為吸得太緊，根本就扯不下來。

在吸塵器前端的管口可以聽到咻咻的聲音。

剛剛因為太緊張而沒發現，這時小勉沉住了氣，關掉了吸塵器的開關。於是，他很輕鬆的就將報紙從管子前端移開。

「我剛剛好像聽到了很大的聲音呢！」

媽媽也關心的過來看看狀況，不過小勉裝做什麼事都沒發生過一樣，整理吸塵器。

「幫忙打掃，辛苦你了。」

媽媽給了小勉零用錢。

「我不是這個意思啦！」

嘴裡這麼說，小勉還是收下了零用錢。

第二天，沙織有事找小勉，所以小勉騎著自行車到沙織家去。

沙織家在公園附近，和健治家在同一棟新的大樓裡。

小勉來到沙織家門前，按下門鈴。

「門沒鎖，你進來吧！」

他聽到了沙織的聲音，正想要開門，門卻打不開。

門看起來並沒有上鎖，不過感覺門的另一端好像有人用力的拉住門一樣。

小勉使盡全身力氣想打開門，好不容易拉開了一條縫隙，他從縫隙裡聽到咻咻的風聲。

看到小勉遲遲沒有進門來，沙織也過來看到底是怎麼回事，她從門內幫忙，兩人終於打開了門。

小勉一進入玄關，剛剛打開的門就發出砰然巨響，用力的關上。

「不好意思，我家的門

偶爾會這樣。」

沙織看著門，露出了頭痛的表情。

門下方的縫隙，又傳來了咻咻的風聲。

這時，小勉想起昨天發生的事，就是報紙被吸塵器吸住的事。

「你怎麼了？快進來

啊！」

沙織催促小勉進房間。

不過，小勉覺得他可能可以解決這個問題。

他站在玄關想了想，這時剛好有人來了。

「可能是健治吧！」

沙織正想開門，不過門還是一樣打不開。

跟剛才一樣，發出咻咻的聲音。明明沒有上鎖，但即使從裡面用力推，也只能推開一點點。

小勉突然靈機一動。

「對了，原來你家就像個吸塵器一樣。」

「咦？什麼意思？為什麼說我家是吸塵器？」

沙織聽了有點不高興。

「不是啦！我是說你們家現在的狀態，和吸塵器很像。」

小勉發現了廚房裡正在運轉的抽風機。

「一定是那個，把抽風機關掉，試試看吧！」

沙織覺得很奇怪，她走到廚房關掉了抽風機。頓時，咻咻的風聲不見了，門也很輕鬆的打開。健治走了進來。

住在樓上的健治，並沒有發現小勉因為剛剛解決了一個難題而感到得意，脫口對沙織說：

「沙織，你剛剛是不是把抽風機打開了呀？」

小勉聽了突然有點難為情。

解謎時間

看不見的空氣力量

空氣有重量，每公升大約一點三公克，地面上所有的東西都承受這個重量。

在緊閉的房間裡，打開抽風機，屋裡的空氣會減少，屋外的空氣則向室內流動，但卻被關著的門擋住；門受到屋外空氣的推擠，就不容易向外打開。

使用吸塵器時，是將吸塵器裡的空氣排出，而從管子吸入空氣，這時垃圾也會被吸進來。

科學小實驗

玻璃杯被黏住了

1 準備用具

一個杯子。

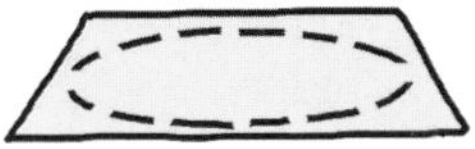

將透明塑膠片剪成比杯口略大的形狀。

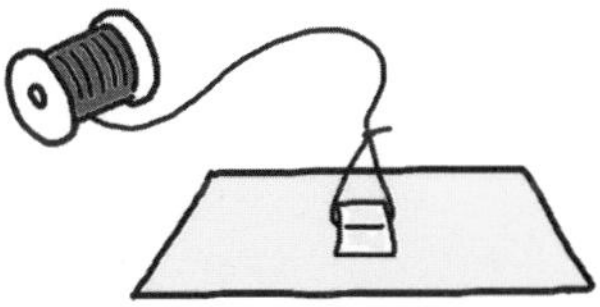

在塑膠片中央用透明膠帶黏上一條線。

2 在杯子裡加水直到水溢出來，再蓋上剪好的塑膠片。

輕輕將線往上提起，會發現杯子也黏住，跟著往上升。

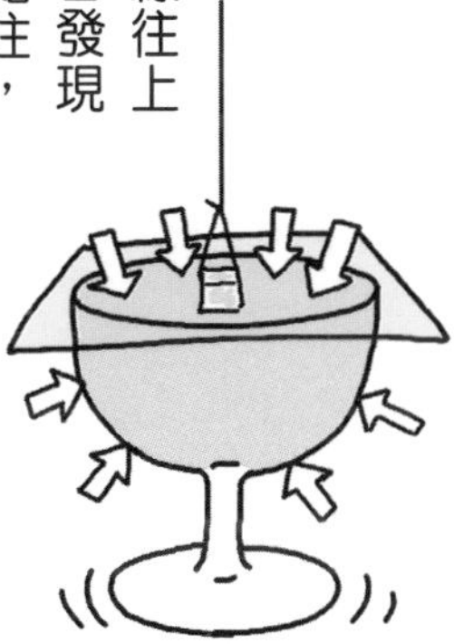

空氣推擠塑膠片和杯子。

給大人的話 許多我們沒注意的地方，都有大氣壓力的作用。例如吸盤就是根據大氣壓力的原理。上面這個實驗使用的是水，請讓孩子在臉盆或是浴室裡進行實驗。

浮現在黑暗中的臉

有一天從學校回家的路上。小勉向小修提議：「今天到我家來寫功課吧！」

「好啊，一起寫功課說不定可以快點寫完。」

「其實今天的功課有點難，我正在煩惱呢！」

「那我們就一起寫吧！」

於是，小勉決定到小修家去。不過，今天的功課還真多呢！他們兩人都想快點寫好功課一起玩，所以非常認真的寫。

或許和心情有關吧！總覺得兩個人一起寫功課比一個人寫的效率更好。至少，小勉是這麼覺得的。如果有不懂的地方，兩個人總是比一個人更容易解決。

過了一會兒，小勉的肚子發出咕嚕咕嚕的聲音。

小勉只要一肚子餓，肚子馬上就會發出咕嚕咕嚕的聲音。

「這也難怪，從學校回來以後，我們都沒有吃點心，一直很認真的在做功課呢！」

看看窗外，天早就已經黑了。

剛剛明明還很亮的，冬天的傍晚只要太陽開始下山，一轉眼就天黑了。

小勉肚子好餓，呆呆的看著外面。

就在這時，他在小修家的院子裡，模模糊糊的看見一個剛剛並不存在的東西。

「那是什麼？」

他覺得很不可思議，仔細一看，好像是一張人臉。

「哇！」小勉嚇了一大跳，從椅子上跳了起來。

小修被小勉的聲音嚇到，也跟著跳了起來。

「怎麼了？」

「院子裡……院子裡浮著一張臉。」小勉害怕得一邊發抖一邊指著院子。

「什麼？」小修也看了看院子裡。

「哇！」

院子裡確實浮現出像人臉一樣的東西。不過，仔細看看，發現那並不是人臉，好像是一張妖怪的臉。

「是妖怪！院子裡有妖怪！」

小勉再次大叫起來，不過不知道為什麼，小修竟然靠近了窗戶，一直盯著院子裡看。

小勉害怕得不得了，但是小修好像沒有那麼害怕。最後，小修突然發出很大的聲音，一直笑個不停。「唉，我剛剛也嚇到了，可是你再仔細看看。」小修指著妖怪的臉說。

小勉雖然很害怕，還是怯生生的再看院子裡的那張臉。院子裡模模糊糊的浮現著一張白色妖怪的臉。

可是，小勉和小修的臉也重疊在這張臉上，映在玻璃上。

原來那是放在房間櫥櫃上的妖怪面具啊。

這下小勉明白了。院子裡的妖怪原來只是房間裡的妖怪面具，倒映在窗戶上而已。

「什麼嘛，原來是外面天色變暗，所以窗戶就變成了鏡子。」

「雖然顏色很黑，看不太清楚，不過，衣櫃也映在窗戶上呢！」

仔細看，兩個人的樣子和房間裡所有的東西，全都可以在窗戶上看到。

「真是嚇死我了。我還以為院子裡有鬼呢！」小勉這才放下心，肚子又咕嚕咕嚕的叫了起來。

解謎時間

玻璃變成了鏡子

光雖然會穿透玻璃，但有一部分的光會在平滑玻璃表面被反射。因此，根據光線明亮程度的不同，有時會產生奇妙的現象。

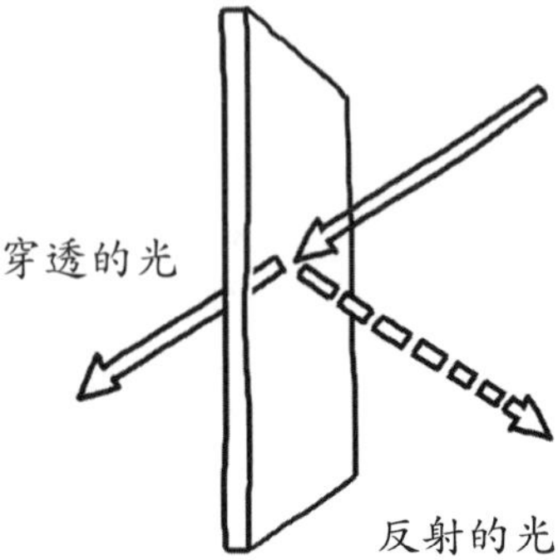

戶外很亮時，戶外的大量光線會讓室內東西在玻璃上的反射，看不太清楚。

如果外面變暗而房間裡點了燈，那麼房間裡的東西在玻璃上的反射，看得比較清楚。

科學小實驗

神奇魔術箱

1 準備兩個玩偶和一個CD盒。如下圖般將CD盒立在箱子裡，在兩側各放一個玩偶。

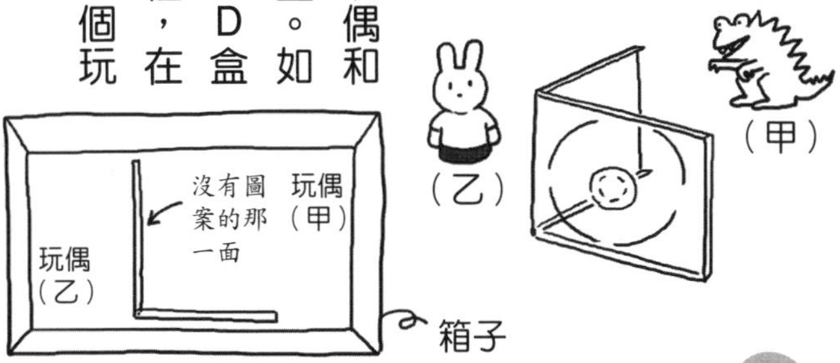

2 準備手電筒，將箱子拿到昏暗的房間。

給大人的話 透明玻璃因為光線的不同，像鏡子般能映照出物體。這個實驗就是利用這個性質製作出簡單魔術箱。在黑暗房間進行實驗時，請指導孩子注意腳邊，不要絆倒了。

粉末製造大量泡泡

沙織最近沉迷於做點心。她覺得週末時在電視上看到的餅乾好像很好吃。那種餅乾是清爽的檸檬口味，看起來美味又酥脆，於是她就想嘗試做一樣的餅乾。

不過，沙織發現，製作大部分點心時都需要的攪拌材料步驟，遠比想像的還辛苦，所以今天她特別請小勉和小修一起來幫忙製作點心。

「待會兒在我家招待你們吃好吃的餅乾。」沙織說。

小勉和小修心想能夠吃到沙織親手做的餅乾，便高興的來了。

沒想到，桌子上只擺了許多材料，並沒有發現類似餅乾的東西。

「咦？該不會現在才要開始做吧？」

小勉和小修一心以為馬上就可以吃到餅乾而有點失望，但現在要是不幫忙，就什麼都沒得吃了。

「好，小修你負責攪拌這個。」

聽到沙織這麼說，小修只好開始認真的攪拌大碗中的材料。

「那小勉負責擠檸檬。」

小勉聽了也開始擠要放進餅乾裡的檸檬汁。

沒想到從檸檬裡擠出檸檬汁要花這麼大的力氣。不知不覺中，小勉發現手已經很痠了。

小修一邊攪拌著大碗裡的材料，一邊看著沙織，不知道該攪拌到什麼時候才可以停。但是，沙織並沒有注意到小修的臉，她正看著抄寫餅乾做法的筆記，研究下一步該怎麼做。

而小勉則已經非常疲累，在一旁發呆。原本很乾淨的桌

面因為小勉擠檸檬而灑出的檸檬汁和小修攪拌材料時潑出的東西，變得很髒亂。

突然，小勉發現了桌上有東西在冒泡。那剛好是他剛剛擠檸檬的地方。

桌上突然出現了許多泡泡。看起來就像肥皂泡泡一樣。那是什麼呢？小修也覺得很奇怪，走過來看。

聞了聞味道，有一點淡淡的檸檬香。而冒著泡沫的地方周圍好像有一些灑出來的粉末。看起來好像只有灑在桌上的粉末沾到檸檬汁的地方，才會出現泡沫。

小勉馬上開始實驗。

他趁沙織沒看到，把剛剛擠出來的檸檬汁偷偷的倒在灑在桌上的粉末上。過了一會兒後，沾上檸檬汁的粉末就好像是有生命般，開始咕嚕咕嚕的冒出泡泡。

「原來如此，這個粉末沾上檸檬汁就會冒出泡泡哇！」

可是，桌上還有許多其他的粉末，到底是哪一種粉末沾到檸檬汁會產生泡泡，就不知道了。

小勉混合了許多東西來研究，終於知道，好像是烘焙粉沾上檸檬汁時會冒出泡泡。

小修發現這點後，忍不住想惡作劇，他偷偷在空盤裡放了烘焙粉，然後慢慢倒進檸檬汁。

果然接著就咕嚕咕嚕的冒出泡泡來了。

不過，或許是份量太多了吧，冒出來的泡泡比剛剛更多。

最後這些泡泡從盤子裡溢出來，溢到桌面上。

「啊？你們在做什麼？」沙織看了非常緊張。

這時泡泡依然繼續不斷的冒出來，怎麼都停不下來。

小勉不知道該怎麼辦，他的心情也跟這些泡泡一樣，亂成一團了。

過了一會兒，美味的餅乾終於烤好了。辛苦幫忙的

小勉和小修終於能夠吃餅乾了。

這時門鈴響起，健治在這個恰到好處的時間來拜訪。

「歡迎你，餅乾剛剛烤好呢！」

沙織微笑的拿餅乾給健治看。

「哇！看起來好好吃喔，是沙織做的嗎？」

沙織非常開心的點點頭。

疲倦的小勉和全身都是粉末的小修，只能瞪大了眼睛看著彼此。

解謎時間

烘焙粉加檸檬汁會產生二氧化碳

做點心時為了讓點心膨脹，必須加入一點點烘焙粉。

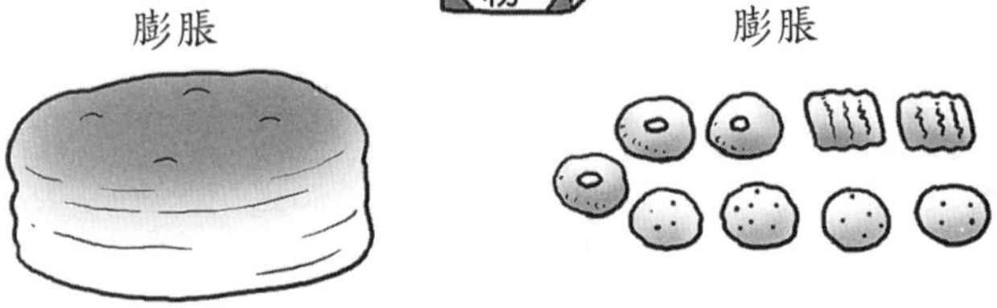

膨脹的原因是二氧化碳

烘焙粉加熱或是遇到酸性物質，就會產生二氧化碳。

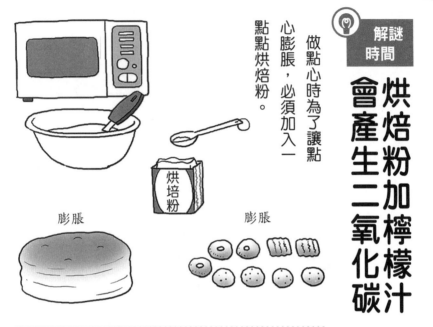

科學小實驗

用烘焙粉製作蘇打水

1

在一杯水裡加入4到5匙砂糖，溶解後放進冰箱降溫。

水的溫度愈低，二氧化碳溶解愈多。

2

在這杯糖水中加入一匙烘焙粉和許多檸檬汁，攪拌均勻。

3

出現氣泡，味道跟蘇打水一樣。

冒泡泡的袋子

1

在夾鏈小袋裡倒入醋，將小袋放進裝了烘焙粉的大塑膠袋。把大袋裡的空氣擠出，再封口。

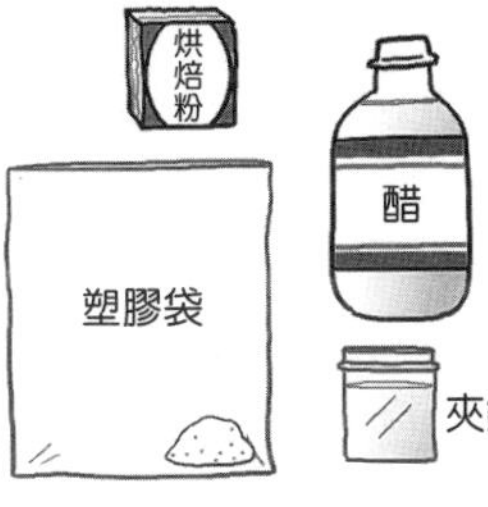

夾鏈小袋

2

擠壓小塑膠袋，讓醋流出來。

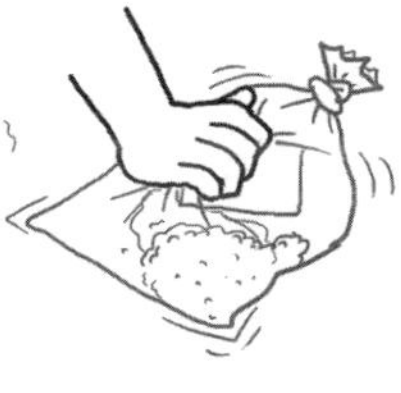

3

產生的二氧化碳會讓大塑膠袋膨脹。

給大人的話

烘焙粉的成分「碳酸氫鈉」和酸性液體反應後會產生二氧化碳，也可以用小蘇打粉來實驗。使用袋子進行實驗時，請注意不要弄破袋子，為了預防袋子破掉，請指導孩子事先在桌面鋪上報紙或毛巾，再進行實驗。

—給家長的話—

啟發動腦思考，培養科學「探索力」

日本千葉縣立千葉中學副校長
大山光晴

三年級的孩子終於開始上自然課了，我們希望孩子們能打從心裡享受自然的學習。由於前人的努力，科學技術有了長足的進步，讓我們的生活變得相當方便。可是，還是有許多可以從生活周遭和自然中學習的東西。希望孩子們長大之後，可以具備同心協力挑戰社會整體問題的力量。所以，在小學時除了培養解決眼前問題的能力，也要具備發現問題在哪裡的能力。遇到自己覺得有疑問的事情，是不是能停下來思考，並且根據科學探究原因，將會成為日後重要的能力。

《晨讀10分鐘：光的接力賽 實驗故事集3》集結了十六篇小故事。希望孩子們能化身名偵探，解決生活週遭不可思議的現象。三年級的故事著重於仔細觀察現象，重視發現，希望孩子們能根據觀察到的結果進行科學性思考。其中也刻意包含了部份比較困難的內容，可能有些謎題不太容易解開。這時候請參考解說，一邊做實驗，一邊深化孩子的思考。

孩子是社會的未來、地球的未來。現代社會仍然有許多待解的課題，希望孩子們將來能夠推動社會前進，而我們大人更應該同心協力，盡可能的提供幫助，讓孩子能發展他們的能力。

監修者簡介

大山光晴（Ohyama Mitsuharu），東京工業大學碩士。歷任高中物理老師、千葉縣立現代產業科學館高級研究員、千葉縣綜合教育中心主任指導主事等，目前擔任千葉縣立千葉中學副校長。經常參與科學實驗教室及電視媒體的實驗節目。日本理科教育學會、日本科學教育學會會員、日本物理教育學會前副會長。主要監修作品有【晨讀10分鐘系列】：宇宙故事集、動物故事集、實驗故事集、科學故事集（以上由天下雜誌出版）等。

—企劃緣起—

成長與學習必備的元氣晨讀

■親子天下執行長
何琦瑜

源於日本的晨讀活動

二十年前，大塚笑子是個日本普通高職的體育老師。在她擔任導師時，看到一群在學習中遇到挫折、失去學習動機的高職生，每天在學校散漫度日，快畢業時，才發現自己沒有一技之長。出外求職填履歷表，「興趣」和「專長」欄只能一片空白。許多焦慮的高三畢業生回頭向老師求助，大塚笑子鼓勵他們，可以填寫「閱讀」和「運動」兩項興趣。因為有運動習慣的人，讓人覺得開朗、健康、有毅力；有閱讀習慣的人，就代表有終身學習的能力。

但學生們根本沒有什麼值得記憶的美好閱讀經驗，深怕面試的老闆細問：那你喜歡讀什麼書啊？大塚老師於是決定，在高職班上推動晨讀。概念和做法都很簡單：每天早上十分鐘，持續一週不間斷，讓學生讀自己喜歡的書。

沒想到不間斷的晨讀發揮了神奇的效果：散漫喧鬧的學生安靜了下來，他們上課比以前更容易專心，考試的成績也大幅提升了。這樣的晨讀運動透過大塚老師的熱情，一傳十、十傳百，最後全日本有兩萬五千所學校全面推行。正式統計發現，近十年來日本中小學生平均閱讀的課外書本數逐年增加，各方一致歸功於大塚老師和「晨讀十分鐘」運動。

台灣吹起晨讀風

二〇〇七年，天下雜誌出版了《晨讀十分鐘》一書，書中分享了韓國推動晨讀運動的高果效，以及七十八種晨讀推動策略。同一時間，天下雜誌國際閱讀論壇也邀請了大塚老師來台灣演講、分享經驗，獲得極大的迴響。

受到晨讀運動感染的我，一廂情願的想到兒子的小學帶晨讀。選擇素材的過程中，卻發現適合十分鐘閱讀的文本並不好找。面對年紀愈大的少年讀者，好文本的找尋愈加困難。對於剛開始進入晨讀，沒有長篇閱讀習慣的學生，的確需要一些短篇的散文或故事，讓少年讀者每一天閱讀都有盡興的成就感。而且這些短篇文字絕不能像教科書般無聊，也不能總是停留在淺薄的報紙新聞，才能讓這些新手讀者像上癮般養成習慣。

我的晨讀媽媽計畫並沒有成功，但這樣的經驗激發出【晨讀十分鐘】系列的企劃。我們希望用晨讀打破中學早晨窒悶的考試氛圍，讓小學生養成每日定時定量的閱讀，不僅是要讓學習力加分，更重要的是讓心靈茁壯、成長。在學校，晨讀就像在吃「學習的早餐」，為一天的學習熱身醒腦；在家裡，不一定是早晨，任何時段，每天不間斷、固定的家庭閱讀時間，也會為全家累積生命中最豐美的回憶。

第一個專為晨讀活動設計的系列

【晨讀十分鐘】系列，希望透過知名的作家、選編人，為少年兒童讀者編選類型多元、有益有趣的好文章。二〇一〇年，我們邀請了學養豐富的「作家老師」張曼娟、廖玉蕙、王文華，推出三個類型的選文主題：成長故事、幽默故事、人物故事集。

我們的想像是，如果學生每天早上都能閱讀某個人的生命故事，或真實或虛構，或成功或低潮，一年之後，他們能得到的養分與智慧，應該遠遠超過寫測驗卷的收穫吧！【晨讀十分鐘】系列，帶著這樣的心願，持續擴張適讀年段和題材的多元性，陸續出版，包括：給小學生晨讀的《科學故事集》、《宇宙故事集》、《動物故事集》、《實驗故事集》、童詩《樹先生跑哪去了》、散文《奇妙的飛行》，給中學生晨讀的《啟蒙人生故事集》和《論情說理說明文選》等。

推動晨讀的願景

在日本掀起晨讀奇蹟的大塚老師，在台灣演講時分享：「對我來說，不管學生在哪個人生階段……，我都希望他們可以透過閱讀，讓心靈得到成長，不管遇到什麼情況，都能勇往直前，這就是我的晨讀運動，我的最終理想。」

這也是【晨讀十分鐘】這個系列叢書出版的最終心願。

一專家推薦一

晨讀十分鐘，改變孩子的一生

國立中央大學認知神經科學研究所所長　洪蘭

古人從經驗中得知「一日之計在於晨」，今人從實驗中得到同樣的結論，人在睡眠的第四個階段會分泌跟學習有關的神經傳導物質，如血清素（serotonin）和正腎上腺素（norepinephrine），當我們一覺睡到自然醒時，這些重要的神經傳導物質已經補充足了，學習的效果就會比較好。也就是說，早晨起來讀書是最有效的。

那麼為什麼只推「十分鐘」呢？因為閱讀是個習慣，不是本能，一個正常的孩子放在正常的環境裡，沒人教他說話，他會說話；一個正常的孩子放在正常的環境，沒人教他識字，他是文盲。對一個還沒有閱讀習慣的人來說，不能一次讀很多，會產生反效果。十分鐘很短，對小學生來說，是一個可以忍受的長度。所以趁孩子剛起床精神好時，讓他讀些有益身心的好書，開啟一天的學習。好的開始是成功的一半，從愉悅的晨間閱讀開始一天的學習之旅，到了晚上在床上親子閱讀，終止這個歷程，如此持之以恆，一定能引領孩子進入閱讀之門。

新加坡前總理李光耀先生看到閱讀的重要性，所以新加坡推〇歲閱讀，孩子一生下來，政府就送兩本布做的書，從小養成他愛讀的習慣。凡是習慣都必須被「養成」，需要持久的重複，晨讀雖然才短短十分鐘，卻可以透過重複做，養成孩子閱讀的習慣。這個習慣一旦養成後，一生受用不盡，因為閱讀是個工具，打開人類知識的門，當孩子從書中尋得他的典範之後，父母就不必擔心了，典範讓人自動去模仿，就像拿到世界麵包冠軍的吳寶春說：「我以世界冠軍為目標，所以現在做事就以世界冠軍為標準。冠軍現在應該在看書，不是看電視；冠軍現在應該在練習，不是睡覺……」當孩子這樣立志時，他的人生已經走上了康莊大道，會成為一個有用的人。

晨讀十分鐘可以改變孩子的一生，讓我們一起來努力推廣。

晨讀10分鐘系列 021

[小學生・中年級] 晨讀10分鐘
光的接力賽
實驗故事集 3

監修｜大山光晴
作者｜板垣雄亮
繪者｜丸尾道（封面、故事）、西山直樹（解說、實驗）
中文內容審訂｜廖進德
譯者｜詹慕如

責任編輯｜張至寧
美術設計｜林紹萍

天下雜誌群創辦人｜殷允芃
董事長兼執行長｜何琦瑜
媒體暨產品事業群
總經理｜游玉雪
副總經理｜林彥傑
總編輯｜林欣靜
行銷總監｜林育菁
主編｜楊琇珊
版權主任｜何晨瑋、黃微真

出版者｜親子天下股份有限公司
地址｜台北市104建國北路一段96號4樓
電話｜（02）2509-2800　傳真｜（02）2509-2462
網址｜www.parenting.com.tw
讀者服務專線｜（02）2662-0332　週一～週五：09:00~17:30
讀者服務傳真｜（02）2662-6048
客服信箱｜parenting@cw.com.tw
法律顧問｜台英國際商務法律事務所・羅明通律師
製版印刷｜中原造像股份有限公司
總經銷｜大和圖書有限公司 電話：（02）8990-2588

出版日期｜2012年 8 月第一版第一次印行
2024年 3 月第一版第九次印行
定　價｜260元
書　號｜BCKCI021P
ISBN｜978-986-241-571-9（平裝）

親子天下Shopping｜shopping.parenting.com.tw
海外・大量訂購｜parenting@cw.com.tw
書香花園｜台北市建國北路二段6巷11號
電話（02）2506-1635
劃撥帳號｜50331356 親子天下股份有限公司

國家圖書館出版品預行編目資料

小學生・中年級晨讀10分鐘：光的接力賽：實驗故事集3.／板垣雄亮作；丸尾道，西山直樹繪；詹慕如翻譯. -- 第一版. -- 臺北市：天下雜誌，2012.08
184面；14.8 × 21公分. --（晨讀10分鐘系列；21）
ISBN 978-986-241-571-9（平裝）

1. 科學　2. 通俗作品

307.9　　101014255